科学与未来
院/士/科/普/丛/书

国家科学思想库
科学文化系列

征 程
人类探索太空的故事

叶培建 曲少杰 马继楠 等◎著

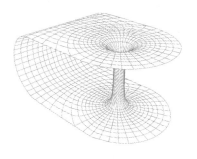

科学出版社

北 京

内 容 简 介

宇宙是广袤空间和其中存在的各种天体以及弥漫物质的总称。自古以来，人类就对宇宙充满了好奇，并对宇宙的奥秘孜孜以求。人类探索宇宙的历史，是一幅波澜壮阔的画卷。在探索宇宙的过程中，随着科学技术不断进步，人类对宇宙的认知不断加深，人类社会自身的发展进步也深深受益于天文和宇宙学及航天科技的带动。人类作为高级智慧生物，对宇宙、地球与生命的起源、演化和未来的求知是必然的本能。

本书以生动浅显的语言，讲述了地球、太阳系、宇宙空间的相关科学知识，介绍了人类探索太空的历史变迁、探索手段和工具的发展、探索所获得的重要发现，介绍了当前在探索太空中面临的科学和技术难题，探讨了地外生命存在的可能性以及人类与地球的未来。

本书融科学性、知识性、趣味性于一体，有益于培养科学兴趣、开阔思维视野、挖掘内在潜能，非常适合对科学、宇宙和未来感兴趣的大众读者阅读。

图书在版编目（CIP）数据

征程：人类探索太空的故事 / 叶培建等著 . —北京：科学出版社，2021.4
（科学与未来：院士科普丛书）
ISBN 978-7-03-068200-0

Ⅰ. ①征… Ⅱ. ①叶… Ⅲ. ①空间探索 - 普及读物 Ⅳ. ① V11-49

中国版本图书馆 CIP 数据核字（2021）第 039016 号

丛书策划：侯俊琳
责任编辑：张 莉 王勤勤 / 责任校对：韩 杨
责任印制：师艳茹 / 插图绘制：姚雯艳
封面设计：有道文化

科 学 出 版 社 出版
北京东黄城根北街16号
邮政编码：100717
http://www.sciencep.com

天津市新科印刷有限公司 印刷
科学出版社发行 各地新华书店经销
*
2021 年 4 月第 一 版 开本：720×1000 1/16
2021 年 4 月第一次印刷 印张：21 3/4
字数：290 000

定价：58.00 元
（如有印装质量问题，我社负责调换）

"科学与未来：院士科普丛书"
编 委 会

主　编　杨玉良

编　委（以姓氏拼音为序）

陈小明　郭光灿　何积丰　侯凡凡　金之钧

康　乐　李　灿　南策文　石耀霖　吴一戎

武向平　叶培建　张　杰　张启发　周忠和

朱　荻　朱邦芬

工作组（以姓氏拼音为序）

陈　光　侯俊琳　李鹏飞　魏　秀　席　亮

谢光锋　余和军　朱萍萍

本书编写组

叶培建　曲少杰　马继楠　孟林智　秦珊珊
张志平　张　弘　贾晓宇　王　硕　王建昭

总　序

　　近代科学自诞生之日起，不仅持续地催生了令人炫目的技术，而且极大地改变了我们的生活方式。科学无疑是技术的源头，但却不能仅仅是为了发展技术而去从事科学研究。因为科学是人类智慧的结晶，是现代文明的代表，科学不仅提供了令人赏心悦目的审美价值，而且已经成为改造文化的巨大力量。作为理性精神的集中代表，近代科学的内在精神瓦解了众多在传统上由宗教、皇权、习惯与风俗所统治的诸多领域，不断地改变着人们的思维方式，并且取代它们成为思想和行动的指南。人们往往忽视了科学的这个更为重要的功能，即文化再造的功能。

　　我们不得不痛苦地承认，在我们的传统文化中，最缺乏的是理性精神和演绎逻辑学的方法，直到五四运动，先贤们力图请进"赛先生"和"德先生"。但是，按照杨振宁先生的说法，直到1949年中华人民共和国成立，近代科学才真正开始在中国这块土地上扎根。所幸的是，历史表明，作为现代文明的科学文化可以通过外部植入任何一种现存文化中，但这是需要长期的，在某些领域甚至是需要几十年乃至上百年的不懈努力方可实现。但是，若是没有改造文化的努力，就难以提升全民的科学素养。当然，在科学之内和之外的任何领域，只要研究者想达到精确、严密和系统的理论化的境界，那么科学精神和严密的逻辑思维就是不可或缺的。同时，大众的科学素养极其重要。因为，很难想象在大众科学素养很低的情况下，科学可以得到健康的发展。因此，科学教育和科学普及不仅仅是为了培养未来的科学家，更应该是作为一种文化来开展，要让科学文化植入中华文化，让科学知识作为强化科学精神和确立逻辑思维方法的载体。这项任务任重而道远。其中，科学普及则是连接科学与公众的桥梁，是训练科学思维、传播科学精神、普及科学方法的重要载体，从而促使大众树立求真、求实的作风和严密的逻辑求证思维方式；更能够激发读者的探索欲和好奇心，引发读者的思考；当然，它也将唤起年轻人对科学的兴趣，吸引他们投身科研实践。这是科学普及工作的要义。

当前，人类正经历百年未有之大变局，诸多技术的运用几近极致。就基础科学而言，诸多学科领域也正孕育着突破，因此催生的新一轮技术革命和产业变革蓄势待发。在此形势下，我国的科学与技术事业适逢巨大的发展机遇，也面临着严峻的挑战。与此同时，我国科普事业发展兼程并进，越来越多的公众体会到了科学的乐趣，触摸到了科学普及的温度。在科学发展日新月异、重大技术突破层出不穷之际，面对新时代的新需求，如何更有效地普及科学和前沿问题，传播科学精神、科学思想和科学方法，值得广大科技工作者关注和思考。

优秀的科普作品根植于科学研究的沃土之中，科普离不开科技工作者的主动作为和深度参与，科技工作者不仅要成为科学传播的开路者，更要成为全社会科学文化的坚守者。历史上享誉国际、影响一代又一代人的科普著作，比如达尔文的《物种起源》、法拉第的《蜡烛的故事》、爱因斯坦的《物理学的进化》、竺可桢的《向沙漠进军》、华罗庚的《统筹方法》等，都是科学大家结合自身科研实践所创作的与自身研究领域高度相关的作品。近年来，在国家科学技术进步奖、全国优秀科普作品奖等评选中脱颖而出的优秀科普作品，大多也是广大科学家从"科研"向"科普"的践行。

"科学与未来：院士科普丛书"正是在这样的时代背景下诞生的，它是由中国科学院学部科学普及与教育工作委员会策划，并号召组织各领域院士专家创作的。该丛书强调前沿引领、科学严谨和通俗易读，注重规范原创、思想价值和创新体验。总体有如下特点。

一是强调从"科研"向"科普"的转变，打通学术资源科普化"最后一公里"。而且，作者们将所述领域置于整个科学史的宏大背景之下予以考察，并特别注重与历史、哲学、思想、艺术和社会的结合。大多采用讲人物和故事的形式，增添阅读兴趣，进而逐步引导读者形成自己的思考。

二是强调科学精神的弘扬与引领，不再停留在简单的知识普及层面，而是以特定的科学知识为载体，激发公众的科学热情，弘扬科学精神，倡导培养逻辑思维，树立基于科学的价值观，从而形成有别于互联网内容的具有独特价值的图书内容。

三是强调科普主阵地由实用技能科普向科学素养科普的转变，也就是从实用技术普及向对科学本身理解的转变，激发读者自己去探索科学知识的兴趣，引导读者建立自己的科学价值观。

2018年5月，习近平总书记在两院院士大会上强调："当科学家是无数中国孩子的梦想，我们要让科技工作成为富有吸引力的工作、成为孩子们尊崇向往的职业，给孩子们的梦想插上科技的翅膀，让未来祖国的科技天地群英荟萃，让未来科学的浩瀚星空群星闪耀！"①

"科学与未来：院士科普丛书"的创作和出版是一次顺应时代发展潮流的实践探索，不仅希望更好地传播传统科学知识，更希望将科学知识、

---

① 参见习近平总书记 2018 年 5 月 28 日在中国科学院第十九次院士大会、中国工程院第十四次院士大会上的讲话。

科学精神、科学思想和科学方法内化为公众的信念、思维、行为与习惯，希望将"永远好奇、敢于质疑、探求真理、勇于创新"的科学精神在中华民族心灵深处落地生根，希望不断吸引一代代年轻人走进科学、奋勇向前，为建设世界科技强国、实现中华民族伟大复兴而努力！

中国科学院学部科学普及与教育工作委员会主任

中国科学院院士

序

探索未知是人的本性。纵观科技文明的历史，人类从来没有停下科学探索的脚步。开普勒关于天体引力的猜想，启发了牛顿对万有引力定律的研究。爱因斯坦关于引力波的天才假设，百年之后得到了激光干涉引力波天文台（LIGO）的验证。无数事实表明，立足科学、大胆假设、敢于猜想，激发最新奇的科学发现，催生最绚丽的技术发明，历来都是科学探索的力量所在。正是因为对大海的向往，才有了轮船、潜艇、"蛟龙号"的创造；正是因为对太空的向往，才有了火箭、卫星、载人飞船的发明。

中华民族是最富想象力的民族，后羿射日、嫦娥奔月、屈原《天问》和古典名著《西游记》无一不是民族想象力的杰作。四川的三星堆文明，给人们留下许多难解之谜，引发关于史前文明、外星文明的无穷想象，其中就蕴含着重大的科学问题。基于"弘扬科学精神，普及科学知识"的目的，中国科学院组织了"科学与未来：院士科普丛书"的编制工作，精选了一些科学前沿问题为主题撰写科普书籍，并纳入国家科学思想库"科学文化系列"。

自从1959年苏联第一颗人造地球卫星上天之后，人类的太空探索历程就进入了全新时代，且不断加速发展。美国的"阿波罗"登月、"旅行者号"、"新视野号"，欧洲的"罗塞塔–菲莱"，中国的"神舟""天宫""嫦娥"等，在人类走向外太空的道路上铸就了一座座丰碑。近半个世纪以来，太空探索不仅持续升温，而且催生和引领了人类社会诸多领域的技术发展。越来越多的普通人意识到太空探索的重要意义，对于太空探索的相关知识由好奇到迸发兴趣，再到由衷热爱的公众不断增加。鉴于此，本书选择了"探索太空"作为主题，从太空的神秘奇妙入手，内容涵盖了人类自古以来的太空探索主要历程、重要科学发现和技术进步、太空探索工具和手段的基本介绍、当前太空探索中的热点和难点等，穿插了相关科学人物和历史事件介绍，内容丰富生动，引人入胜。

  本书的作者是叶培建院士和他的年轻团队。叶培建院士曾在北京航空航天大学计算机学院担任兼职教授和北京航空航天大学国家重点实验室的学术委员会主任，我们很熟悉，我对他的工作也很了解。他领头的我国深空探测队伍也有不少骨干人物都是北京航空航天大学的学生，对这支队伍和他们的工作也有较多的了解。这些在航天一线从事工程研制的人，拿起笔来，将人类走向外太空面临的多个"景点""过程""问题"用简洁、浅显的语言讲出来，把复杂的航天任务用科普的形式和语言表述出来，是件很不容易的事，但他们做了，且努力了，这种热爱科普、支持科普的精神很值得称赞，也令我佩服。

  我深为中国空间事业目前的成就而感到欣慰，也确信将来会取得更大成果。希望通过《征程：人类探索太空的故事》这样的作品，激发、培养和保持青少年的科学兴趣，在他们心中播下科学的种子。同时也希望进一步鼓励、支持和引导广大科技工作者和科普从业人员做科学的"园丁"，播撒科学的"种子"，不断"浇水施肥"，让"崇尚科学、探索求真、勇于创新"的科学精神、科学思想、科学方法在人们心中落地生根、发芽结果，把科学探索的足迹留在祖国大地、走遍世界角落，把光荣和梦想融入实现中华民族伟大复兴、构建人类命运共同体的新时代、新使命和新征程中！

中国科学技术协会党组书记

中国科学院院士

目　录

引　子

我们从哪里来，到哪里去？几千年来人类一直在寻找答案。

考古发现，在人类早期历史中，我们的祖先就对人类的起源充满好奇。为了满足这一好奇，人们无数次仰望星空，用有限的想象力编织出许许多多的神话故事，聊以慰藉心中对无限宇宙的怅惘。

人类观测天象的历史由来已久。由于没有精密仪器，古代天文学家用兽皮、龟甲、石刻等方式记录观测结果，无法准确地将看到的景象保存下来。直到 1839 年，法国画家路易·雅克·曼德·达盖尔（Louis Jacques Mand Daguerre）发明了"达盖尔照相术"①，英国数学家和天文学家约翰·弗里德里希·威廉·赫歇尔（John Friedrich Wilhelm Herschel）创造了"摄影"一词来形容成像过程，随后"摄影"这个词语才逐渐普及开来。

宇宙自大爆炸开始，经过 138 亿年的演化，形成了震撼人心的瑰丽景象，并对人类产生了深远影响。天上的行星、恒星、星座和星系等，激发

---

① 摄影技术的发明者是法国人约瑟夫·尼塞福尔·涅普斯（Joseph Nicéphore Nièpce）和路易·雅克·曼德·达盖尔。涅普斯是摄影技术的早期探索者，由于其"日光蚀刻法"尚不十分成熟，也出于保密的考虑，错过了将技术公之于众的机会；而达盖尔的专利则被法国政府买下，并于 1839 年 8 月 19 日免费公布于世。

了人类在艺术、文学和抽象理论等方面的想象力。但是，在数千年的人类社会发展历史中，人们对宇宙的认知长期停留在非常原始的水平。直到几百年前，我们才明白为什么太空中会有各种不同形状的星系；直到最近几十年，我们才开始探测火星；直到最近十几年，我们才了解土星光环的真实面貌。人类对宇宙的认知越来越深入，这是一代代卓越的科学家、工程师和技术人员为了满足人类探索和发现的渴望，经过不懈努力取得的成果。

很多人都曾经有过这样一个梦想：如果我们能够飞上天空该多好！如果我们能够飞上天空，就能俯瞰地球上的江河湖海、高山峡谷、丛林沙漠，就能飞出地球——这粒宇宙中的"尘埃"，就能遨游到广袤宇宙的深处。但由于受科学技术水平的限制，人们对太空的近距离探索直到 20 世纪 40 年代美苏军备竞赛时期才开始。当时，美国与苏联展开了激烈的太空竞赛，两国军事实力远远超过世界上其他国家，并且都研制出了洲际导弹。随着洲际导弹技术日趋成熟，苏联于 1957 年发射了第一颗人造卫星"斯普特尼克 1 号"，美国也不甘示弱，于 1958 年发射了美国第一颗人造卫星"探险者 1 号"。从此，人类开启了太空时代。

时至 21 世纪的今天，科技飞速发展，人类的脚步已经踏入太空，足

延伸阅读

约翰·弗里德里希·威廉·赫歇尔

约翰·弗里德里希·威廉·赫歇尔（简称约翰·赫歇尔），英国著名的天文学家、数学家、化学家及实验摄影家，其父亲弗里德里希·威廉·赫歇尔是著名的天文学家，其姑姑卡罗琳·赫歇尔也是著名的天文学家。约翰·赫歇尔首创以儒略日纪日法来记录天象日期，在摄影术发展方面也做出重大贡献。他发现硫代硫酸钠能作为溴化银的定影剂。"摄影"（photography）、"负片"（negative）及"正片"（positive）等名词都是由他创造的。

迹已经印在月球上。人类不需要像漫画中的超级英雄那样拥有超能力，也能够飞上太空。但是人类活动到达的空间范围相对于整个宇宙来说，仍然渺小至极。人类生活的地球，仅仅只是宇宙中的一粒尘埃，甚至整个太阳系在宇宙中也只是沧海一粟。茫茫宇宙，浩瀚无垠，到底这个宇宙还隐藏着什么？银河系外又是怎样的世界？

想象一下这样的世界：

一点点的粉末相当于一座珠穆朗玛峰那么重（据估算，珠穆朗玛峰重约 10 亿吨），地面引力大得超乎想象，以至于到访那里的人类，在瞬间就可以被自身重力压成比 0.1 毫米厚度的纸还要薄上万亿倍的薄饼。

浓密的二氧化碳大气层中夹杂着硫酸雨，在浓雾之中隐藏着一个熔炉般的世界。在那里，温度计中的水银可以用铅代替，因为熔点高达 328 摄氏度的铅已经变成液体。在这种地狱般的环境下，人会因为高温和窒息而瞬间丧命。

一颗恒星由于受到强大引力的撕扯，形成漏斗状的气体卷须，大量气态物质不断被吸走，环绕它运行的行星都被这一过程产生的光所照亮。这片区域不会存在任何活的生物，因为这里充满了致命剂量的 X 射线。

两颗恒星在强大引力的作用下，就像一对华尔兹舞者，每秒钟都有数百万吨的气态物质在它们之间流动。这场拉锯战最终将以其中一颗恒星爆炸毁灭而宣告结束，而这爆炸会把附近所有的行星化为焦土。

以上这些外星景象都是真实存在的。那个致密的、引力超强的天体是一颗恒星爆炸后坍缩的核心，称为中子星；那个制造流动漏斗的强大引力

延伸阅读

启明与长庚

金星在黎明前或黄昏后才能达到亮度最大，人们把在黎明出现在东方天空的金星称为"启明"，在黄昏出现在西方天空的金星称为"长庚"。

来自一个超大质量的黑洞，我们相信它就位于银河系中心；那个二氧化碳熔炉便是金星，它是离地球最近的行星，同时其亮度仅次于月亮，是"夜空中最亮的星"，但它却不是一个歌中所唱的那般美好的世界；那个双星系统是天琴β，可以在仲夏夜的头顶处看到。

这些奇妙的景象在茫茫宇宙中大量存在，而且还有更多不可思议的景象在等待人类去探索。但是，探索太空是一件非常耗费人力、物力和财力的事情，并且看上去似乎与人类的衣食住行没有直接关系。因此，许多人对耗资巨大的太空探索项目持反对意见。

1970 年，赞比亚修女玛丽·尤肯达（Mary Jucunda）给美国国家航空航天局（National Aeronautics and Space Administration，NASA）马歇尔太空飞行中心（Marshall Space Flight Center）的科学部门副主管恩斯特·施图林格（Ernst Stuhlinger）博士写了一封信，质疑他正在进行的载人火星任务方面的研究。在信中，尤肯达提出了一个她无法理解的疑问——地球上还有很多孩子正在忍受饥饿煎熬，您为何建议投入数十亿美元实施这样一项太空探索计划？

施图林格很快给尤肯达回信，并解答了她的疑问，随信还寄了一张地球照片，这张具有标志性的地球照片由航天员威廉·安德斯（William Anders）于 1968 年在月球轨道拍摄。后来，NASA 以"为何要探索太空"为标题，全文公开了这封回信。施图林格在回信中指出：

> 太空探索计划每年孕育出大约 1000 项技术革新，这些技术革新大幅度提高了人类的生活质量，帮助我们研制出性能更卓越的厨房设备、农场设备、缝纫机、无线电设备、船舶、飞机、天气预报和风暴预警系统、通信设备、医疗设备及其他日常生活用品。
>
> 太空探索虽然不能直接帮助人类解决饥荒问题，但这项探索计划孕育出的很多新技术和新方法所能给人类带来的益处将远远超过所付

出的成本。

太空探索是孕育新技术和促进基础科学研究的催化剂，所能起到的作用是其他任何活动无法比拟的。从某种程度上说，战争也对人类社会科技进步有着深远影响，但战争同时带来伤痛、死亡和毁灭。如果国与国之间不再进行研制轰炸机、火箭等武器的军备竞赛，不再有战争爆发，而是在太空探索领域展开竞争，人类便可免遭很多苦难。

太空探索的终极目标是建设更美好的人类家园，探索过程中获得的所有科学知识及所研发的所有新技术都将用于改善人类的生活质量。太空探索不仅仅给人类提供一面审视自己的镜子，它还能给我们带来全新的技术、全新的挑战和进取精神，以及面对严峻现实问题时依然乐观自信的心态。我相信，人类从宇宙中学到的，充分印证了阿尔贝特·施韦泽[①]的那句名言："我忧心忡忡地看待未来，但仍满怀美好的希望。"

在 2017 年第五届腾讯 WE（Way to Evolve——为未来而来，发挥群体智能，协作创新）大会上，著名物理学家斯蒂芬·威廉·霍金（Stephen William Hawking）阐述了地球和人类在宇宙中扮演的角色。霍金认为，世界人口的快速增长使地球岌岌可危，避免世界末日的最好方法就是移民到太空，探索人类在其他星球上生活的可能。人类作为独立的物种，已经存在了大约 200 万年。我们的文明始于约 1 万年前，其发展一直在稳步加速。如果人类想要延续下一个 100 万年，就必须大胆前行，涉足前人未及之处！

当我们站在夜晚群星点缀的苍穹之下，总是可以感受到宇宙的魅力，

[①] 阿尔贝特·施韦泽（Albert Schweitzer），德国哲学家、神学家、医生、管风琴演奏家、社会活动家、人道主义者，由于为非洲医疗援助做出的贡献，1952 年被授予诺贝尔和平奖，被誉为"非洲之子"。

同时也恐惧地意识到地球只不过是飘浮在宇宙中的一粒尘埃。无尽的宇宙带给了人类无限的遐想，人类关于自身位置的思考使这粒尘埃变得不那么平凡。人类走向外太空的脚步永远不会停下。

第一章

地球母亲

地球是一颗蔚蓝色的美丽星球。一望无际的海洋、巍峨雄伟的山脉、蜿蜒曲折的河流、辽阔宽广的草原……构成了地球千姿百态的自然景观。风霜雨雪、季节更替，不断变化的气候让地球变得更加丰富多彩。

地球是茫茫宇宙中一颗普通的行星，从诞生至今已有 46 亿年的历史。人们常常亲切地将地球称为母亲，因为它是孕育生命的摇篮。中国著名作家和诗人郭沫若曾于 1919 年创作一首新诗，题为"地球，我的母亲！"，作者用浓郁的浪漫主义色彩和恢宏的笔调，表达了人类是地球之子的自然观。

相对于整个宇宙的发展史来说，地球是宇宙的一个小小成员，正处于"青年"时期。但不幸的是，作为一颗普通的行星，可以预见，未来终有一天，地球也将走向衰老。

一、地球极简史

地球的结构可以用圈层来描述，分为外部圈层和内部圈层两大部分。外部圈层是地面以上的部分，可进一步划分为三个基本圈层，即大气圈、生物圈、水圈；内部圈层是地面以下的部分，也可进一步划分为三个基本圈层，即地壳、地幔、地核（图 1-1）。在距地球表面以下 80~400 千米的上地幔上部，有一个明显的地震波低速层，这是由本诺·古登堡（Beno Gutenberg）于 1926 年最早提出的，称为软流层。地壳和上地幔顶部（软流层以上）由坚硬的岩石组成，称为岩石圈（图 1-2）。其中，岩石圈、软

图 1-1　地球的内部圈层与外部圈层结构示意图

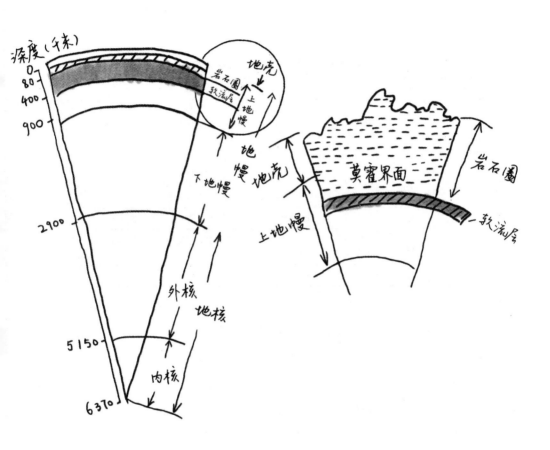

图 1-2 地球内部圈层结构示意图

流层和内部圈层一起构成了所谓的固体地球。对于外部圈层的大气圈、生物圈和水圈，以及岩石圈的表面，一般用直接观测和测量的方法进行研究。而内部圈层主要用地球物理的方法，如地震学、重力学和高精度现代空间测地技术等进行研究。

地球圈层的结构与重要特点如表 1-1 所示。

表 1-1 地球圈层的结构与重要特点

圈层	基本圈层	重要特点
外部圈层	大气圈	大气圈是包裹地球的气体层，主要成分是氮气和氧气，是地球生命生存的基础条件之一。从地面开始，随着高度的增加，大气的密度迅速下降
	生物圈	生物圈中的生物广泛分布于地壳、水圈和大气圈，是地球生态系统中最活跃的圈层
	水圈	水圈包括海洋水、陆地水、大气水和生物水，其中陆地水与人类的关系最为密切
内部圈层	地壳	地壳可分为大陆地壳和大洋地壳，其中大洋地壳远比大陆地壳薄
	地幔	地幔中有一个软流层，可能是岩浆的主要发源地。软流层以上的地壳和上地幔顶部称为岩石圈
	地核	地核厚度约为 3470 千米，温度很高，压力和密度很大

在地球演化过程的数十亿年里，人类历史所占的时间比重少得可怜。曾经有人做过一个形象的比喻：如果地球的年龄是一个成年人的身高，大约 180 厘米，那么用锉刀在指甲尖上轻轻一锉，掉落的粉末就相当于人类的几万年历史。可见，人类历史与地球演化的漫长历程相比，真是微乎其微。

美国著名科普作家、天文学家卡尔·萨根（Carl Sagan）于 1918 年出版的《伊甸园之龙——关于人类智慧进化的猜想》中提出了一份宇宙年历（表 1-2），假设将 138 亿年的宇宙历史压缩到一年，人类会出现在什么时候，结果令人震惊。让我们一起来看一看这份宇宙年历，看看宇宙、地球和人类的大事件都出现在什么时候吧！

假设将 138 亿年的宇宙历史压缩到一年，很明显时间加速了。在这份宇宙年历中，一秒相当于 438 年，一小时相当于 158 万年，一天相当于

3781 万年。如果一个人活到 80 岁，那么相当于宇宙仅过去了 0.18 秒。

表 1-2　卡尔·萨根的宇宙年历

时间	事件
1 月 1 日	大爆炸
5 月 1 日	银河系诞生
9 月 9 日	太阳系诞生
9 月 14 日	地球诞生
9 月 25 日左右	地球上第一个生命产生
12 月 14 日	多细胞生物出现
12 月 19 日	鱼类、脊椎动物出现
12 月 22 日	两栖动物、有翅昆虫出现
12 月 23 日	树、爬行动物出现
12 月 24 日	恐龙出现
12 月 26 日	哺乳动物出现
12 月 27 日	鸟出现
12 月 28 日	花出现，恐龙灭绝
12 月 29 日	灵长动物出现
12 月 30 日	灵长目的额叶开始进化得更高级，人科动物出现
12 月 31 日	晚上 10:30　人类出现 晚上 11:00　旧石器时代 晚上 11:46　北京猿人学会使用火 晚上 11:59:20　人类进入农业社会 晚上 11:59:35　新石器时代开始，人类有了第一个城市 晚上 11:59:53　青铜时代、古希腊迈锡尼文明、特洛伊战争、最古老的美洲文明之一——奥尔梅克文明、指南针发明 晚上 11:59:54　铁器时代、亚述帝国、以色列王国、腓尼基人建立迦太基城、孔子出生

时间	事件
12月31日	晚上 11:59:55　印度阿育王王朝、中国秦朝、伯里克利（Pericles）时代、释迦牟尼出生
	晚上 11:59:56　欧几里得几何、阿基米德物理学、托勒密天文学、古罗马诞生、耶稣出生
	晚上 11:59:57　印度人阿耶波多（Aryabhata）发明 0 和小数、古罗马灭亡、伊斯兰教和伊斯兰文明诞生
	晚上 11:59:58　玛雅文明、中国宋朝、拜占庭帝国、蒙古帝国西征
	晚上 11:59:59　欧洲文艺复兴、欧洲大航海、中国明朝郑和下西洋、现代科学诞生、牛顿出生、第一次工业革命、爱因斯坦出生、人类登陆月球、计算机与网络的发明

　　在这份宇宙年历中，孔子在 12 月 31 日午夜前的 5.8 秒出生，牛顿则出生于午夜前的 0.76 秒；在午夜前的 0.02 秒，我们才刚刚有了互联网；而到次年的 5 月 2 日，太阳将成为红巨星；5 月 7 日，太阳则会进入生命的晚年，发展成为白矮星。到那时，人类将何去何从呢？

延伸阅读

红巨星与白矮星

　　红巨星是恒星燃烧到后期所经历的一个较短的不稳定阶段，这一时期的恒星表面温度相对很低，但极为明亮。因看起来颜色呈红色，体积又很巨大，因此称为红巨星。

　　白矮星是一种低光度、高密度、高温度的恒星。因看起来颜色呈白色，体积比较矮小，因此称为白矮星。白矮星是演化到末期的恒星，它将在亿万年的时间里逐渐冷却、变暗、晶化，直至最后"死亡"。白矮星还可能坍缩成密度更高的天体：中子星或黑洞。一颗与地球体积相当的白矮星（比如天狼星 β 的表面重力约等于地球表面的 18 万倍）。在如此高的压力下，任何宏观物体都已不复存在，连原子都被压碎了——电子脱离了原子轨道变为自由电子。

二、"暗淡蓝点"

也许你觉得我们生活的世界很大，即使乘坐时速为 1000 千米的飞机，绕地球赤道一圈也需要约 40 个小时。但是在无边无际的太空中，地球只是一个不起眼的小小星球。在 NASA "卡西尼号"（Cassini）探测器拍摄于 2013 年 7 月 19 日的一张照片中，地球只是一个并不是很明亮的小星星。当时"卡西尼号"在土星附近，到地球的距离是 14 亿千米。

"旅行者 1 号"探测器于 1990 年 2 月 14 日拍摄了一张被称为"暗淡蓝点"的著名照片，拍摄地点是距离地球 64 亿千米外的太阳系边缘。在广袤无垠的宇宙中和一片无边的黑暗中，我们费力地看到了一个几乎难以被察觉的小亮点，那就是我们共同的家园——地球。

"暗淡蓝点"是一张地球窄角彩色照片，是"旅行者 1 号"拍下的有史以来第一张太阳系"全家福"的一部分。太阳系"全家福"由"旅行者 1 号"从距离地球 64 亿千米、黄道面上方 32 度的地方拍摄的 60 幅画面拼接而成。在遥远的"旅行者 1 号"眼里，地球只是一个光点，即使在窄角镜头里，也只有 0.12 个像素那么大。很巧的是，地球正好就在靠近太阳的一条橙色的散射光线中间。这道橙色的散射光线起到了滤光镜的作用（橙色是蓝色的补色，橙色滤镜可以将地球在照片中变成白色），在这个天然滤镜的帮助下，我们才勉强能察觉到这个光点。

1994 年，作为参与"旅行者"计划的科学家之一，卡尔·萨根（图 1-3）从这张"暗淡蓝点"照片中得到启发，创作了一本书——《暗淡蓝点：探寻人类的太空家园》（*Pale Blue Dot: A Vision of the Human Future in Space*），在美国引起轰动。在该书中，卡尔·萨根回顾了 1957～1994 年人类探测太空的重大事件，并预言未来人类将走出太阳系，向更遥远的星系进发。卡尔·萨根曾这样描述"暗淡蓝点"这张照片：

图 1-3　卡尔·萨根

那个光点，它就在那里。这是家园，这是我们。你所爱的每一个人，你认识的每一个人，你听说过的每一个人，曾经有过的每一个人，都在它上面度过了一生。我们所有的欢乐与痛苦，数以千计的自以为是的宗教、意识形态和经济学说，每一个猎人与强盗，每一个英雄与懦夫，每一个文明的缔造者与毁灭者，每一个国王与农夫，每一对年轻情侣，每一位母亲和父亲，每一个满怀希望的孩子、发明家和探险家，每一位德高望重的教师，每一个腐败的政客，每一个超级明星，每一个最高领袖，人类历史上的每一个圣人与罪犯，都在那里——那颗悬浮于阳光中的尘埃。

是啊，诚如卡尔·萨根所说，茫茫宇宙中，地球与人类何其渺小。当我们仰望星空、放眼宇宙时，人们所有的喜怒哀乐、悲欢离合，所有的困难挫折、烦恼忧愁，所有的高尚卑劣、功过得失，又算得了什么呢？

在最近的几个世纪里，人们对地球在宇宙中所处位置的认识发生了根本性的变化。起初，人们认为地球就是宇宙的中心，且当时对宇宙的认识只包括那些肉眼可见的行星和看似固定不变的恒星。到了 17 世纪，尼古拉·哥白尼（Nikolaj Kopernik）的日心说被广泛接受，其后弗里德里希·威廉·赫歇尔和其他天文学家通过观测发现太阳位于一个由恒星构成的盘状星系中。到了 20 世纪，对螺旋状星云的观测显示，我们的银河系只是膨胀宇宙中数十亿星系的一个。到了 21 世纪，天文研究表明，在可观测范围内，从大的空间尺度来看，宇宙是均匀的，也就是说，其各个部分有着相同的密度、组分和结构。宇宙是没有"中心"或"边界"的，因此我们无法标出地球在整个宇宙中的绝对位置。

从地球的大气圈层向外，到更高的天空，就进入了我们一般意义上所说的"太空"，关于太空探索的故事，也就是本书所要讲述的主要内容。

第二章

太阳系家园

太阳系包括八大行星：水星、金星、地球、火星、木星、土星、天王星和海王星。太阳和围绕其运行的八大行星，就像一个母亲和她的8个孩子。

木星是八大行星中的"巨无霸"，质量约是其他七大行星质量之和的近3倍。水星最轻、最小也最接近太阳。以火星和木星之间的小行星带为界，小行星带以内是类地行星，包括水星、金星、地球、火星；小行星带以外是巨行星，包括木星、土星、天王星、海王星。

除了八大行星，太阳系家族成员还包括矮行星、小行星、彗星、卫星等。

太阳系内的天体运动，就像微观世界中的电子围绕原子核运动，或许其中的奇妙关系将来某一天会被人类破解。

一、八大行星

我们常说的八大行星是太阳系的八个大行星，按照到太阳的距离，从近到远依次为水星、金星、地球、火星、木星、土星、天王星、海王星。八大行星的自转方向多数与公转方向一致，都是自西向东，但是金星和天王星偏偏要与众不同，金星反着转（自转方向与公转方向相反），而天王星几乎横躺着转（自转轴几乎平行于轨道面）。除了这些较大的行星之外，太阳系中还有许多较小的行星，分布在火星与木星之间的小行星带中。此外，在太阳系边缘地带还有一个充满冰封天体的柯伊伯带。

从图2-1来看，太阳系的家庭成员似乎挨得很近，但实际上太阳系非常空旷。如果把太阳与八大行星中离太阳最远的海王星之间的距离想象成一个标准足球场的长度，那么，在足球场一端的太阳大约只有鹌鹑蛋那么大，但这颗"鹌鹑蛋"却有着整个太阳系 99.86% 的质量。在足球场另一端的海王星直径大约只有 1 毫米。而在足球场中的地球直径大约只相当于一根头发丝的直径，放在面前几乎都看不到。

2006 年以前，太阳系共有九大行星，冥王星自 1930 年被发现以来，长期被列为太阳系九大行星之一。但随着美国加州理工学院天文学家迈克尔·E. 布朗（Michael E. Brown）发现矮行星厄里斯之后，冥王星惨遭"降级"。2006 年 8 月 24 日，在捷克首都布拉格召开的第 26 届国际天文学联合会（International Astronomical Union，IAU）闭幕大会上，来自不同国家和地区的天文学代表对四个关于确定太阳系行星身份的草案进行投票表决后决定，剥夺冥王星的行星地位，将其划为矮行星。这意味着，太阳系将只有八大行星，"九大行星"正式告别历史。迈克尔·E. 布朗因此被称为"冥王星杀手"。

在第 26 届国际天文学联合会上通过了新的行星定义，认为行星必须具备以下三个条件：一是必须是围绕恒星运转的天体；二是质量足够大，能依靠自身引力使天体呈圆球状；三是具备清空其轨道附近区域的能力，其公转轨道附近不能有比它更大的天体。按照这三个条件，太阳系的行星就只有水星、金星、地球、火星、木星、土星、天王星、海王星这八颗。冥王星因不符合条件三，被划为矮行星。其他围绕太阳运转但不符合上述

延伸阅读

柯 伊 伯 带

荷兰裔美国天文学家杰拉德·柯伊伯（Gerard Kuiper）提出在太阳系边缘存在一个有大量冰物质运行的带状区域。为了纪念柯伊伯的发现，这个带状区域被命名为柯伊伯带，柯伊伯带是太阳系大多数彗星的来源地。

图 2-1　太阳系的主要天体

条件的天体，被统称为太阳系小天体，其中包括大多数的太阳系星云、外海王星天体、彗星和其他一些小天体。

2015 年，NASA 的"新地平线号"（New Horizons）探测器首次飞掠冥王星，近距离重新测量了冥王星的直径，认为冥王星的直径被低估了，于是很多人呼吁让冥王星重新回归太阳系九大行星之列。

但是太阳系第九大行星的头衔并非那么容易就能得到，冥王星遇到了强劲的竞争对手。2016 年 1 月 20 日，美国加州理工学院的研究人员迈克尔·E. 布朗和康斯坦丁·巴特金（Konstantin Batygin）发表文章称，太阳系边缘柯伊伯带中的 6 颗天体出现了"奇怪的"运行轨道，它们就像 6 块以不同速率运转的钟表，但无论何时去看，这些钟表指针都在相同的地方。在排除其他可能性后，两人推测，这种现象的原因可能是"一颗真正的行星"在发挥引力作用。如果这颗神秘的星体真的存在，那么，它与太

延伸阅读

恒星、矮行星、小行星、彗星、卫星

恒星是由引力凝聚在一起的发光等离子体形成的球形天体，太阳就是最接近地球的恒星。

矮行星与行星定义的前两点完全相同：具有足够质量、呈圆球状。但与行星不同的是，矮行星不具备清空轨道附近区域其他天体的能力。

小行星是太阳系内类似行星环绕太阳运动但体积和质量比行星小得多的天体。

彗星是指进入太阳系的亮度和形状会随日距变化而变化的绕日运动天体，呈云雾状的独特外貌，形状像扫帚，故俗称扫帚星。目前，人们已发现绕太阳运行的彗星有 1700 多颗。著名的哈雷彗星绕太阳一周的时间为 76 年。

卫星是围绕一颗行星按闭合轨道周期性运行的天体，人造卫星一般亦可称为卫星。

阳之间的距离超过冥王星，其运行轨道与太阳的距离为地球的 50 多倍，几乎是海王星的 2 倍。所以，太阳系可能再次出现"第九大行星"，但究竟是哪一颗，还需要科学家继续求证。

冥王星的遭遇，充分体现了人类严谨的科学精神。科学，就是在不断地假设—推论—求证的反复中向前发展的。在太空探索的道路上，"路漫漫其修远兮"，人类仍需"上下而求索"。

二、提丢斯–波得定则是真的吗？

说起提丢斯–波得定则（Titius-Bode law），我们来看一组简单的数列变换。先看下面这串数列：

0，3，6，12，24，48，96，192，…

这串数列的规律很简单：除了前两个数字 0 和 3 以外，后面的数字依次是前一个数字的两倍。接下来我们把每一个数字加 4，得到一串新数列：

4，7，10，16，28，52，100，196，…

再除以 10，得到：

0.4，0.7，1.0，1.6，2.8，5.2，10.0，19.6，…

如果我们查一下太阳系各大行星到太阳的平均距离（以天文单位[①]来表示），会发现水星是 0.39 个天文单位；金星是 0.72 个天文单位；地球是 1 个天文单位；火星是 1.52 个天文单位；小行星带散布于 2.17～3.64 个天文单位，均值为 2.9 个天文单位；木星是 5.20 个天文单位；土星是 9.54 个天文单位；天王星是 19.18 个天文单位……与上面数列的误差都不超过 5%。

这套神奇的经验关系，早在 1766 年就被一位名叫约翰·丹尼尔·提

---

① 地球到太阳的距离大约为 1.5 亿千米，天文学家将这个距离称为 1 个天文单位（astronomical unit，AU）。

丢斯（Johann Daniel Titius）的中学教师发现，后于 1772 年被柏林天文台台长约翰·埃勒特·波得（Johann Elert Bode）归纳成经验公式发表。公式为

$$A_n = 0.4 + 0.3 \times 2^{n-2}$$

式中，A_n 为离太阳由近及远第 n 个行星到太阳的距离（对水星而言，n 不是取为 1，而是 $-\infty$），以天文单位表示（图 2-2）。

　　当时的天文学家只知道水星、金星、火星、木星和土星 5 颗肉眼可见的明亮大行星，与上面的经验公式对比之后，波得发现在提丢斯数列 2.8 的位置明显存在空缺。于是他大胆猜测，在距离太阳 2.8 个天文单位的地方应该存在一颗"丢失的"大行星。然而天文学家搜索了十几年却一无所获。1781 年，英国天文学家弗里德里希·威廉·赫歇尔在金牛座中意外地发现了一颗疑似彗星的太阳系内天体。波得猜测它是一颗新的行星，并计算了它的轨道，发现它到太阳的距离与提丢斯数列中 10.0（土星）后面的 19.6 相吻合（天王星的轨道半径约为 19.2 个天文单位）。这便是太阳系第七大行星——天王星的发现。

　　天王星的发现极大地鼓舞了天文学家，他们确信在火星轨道和木星轨道之间，必定隐藏着一颗未知的大行星。1801 年，位于意大利西西里岛一处偏僻的天文台传出消息：该天文台台长在进行常规观测时发现一颗新天体，经过计算，它到太阳的平均距离是 2.77 个天文单位，与期待中的 2.8 极为接近。新天体被命名为谷神星，可是与其他大行星比起来，谷神星的个头实在太小了，半径只有 473 千米。其实这也在意料之中，因为假如在这个位置上存在与地球体积相仿的大行星，它在冲日的时候应当肉眼可见，早就被人们发现了。后来，天文学家陆续又在火星轨道和木星轨道之间发现了许多围绕太阳公转的天体，个头也都不大。如今我们知道，在提丢斯数列 2.8 的位置上没有大行星，而是存在一条小行星带，数以万计的小天体散落其间。随着天体力学的发展，天文学家逐渐认识到小行星带

图 2-2 提丢斯－波得定则

的存在并非偶然。太阳和木星是太阳系内的引力主导天体，两者的引力撕扯作用使提丢斯数列 2.8 的位置上并不具备大行星的形成条件，所以就留下了数不清的大行星"边角料"。

然而海王星的发现，给提丢斯 - 波得定则的正确性带来了致命打击。1846 年，法国数学家、天文学家勒维耶（Urbain Le Verrier）根据天文观测所得的天王星轨道扰动，利用扎实的天体力学功底，通过计算反推出了一颗新行星（海王星）的轨道参数，并被观测所证实，一举成名，时年仅35 岁。但新发现的海王星并不在提丢斯数列所预言的 38.8 的位置上，而是要近许多（它到太阳的平均距离只有 30.11 个天文单位），误差超过了1/5。海王星具有庞大的体积和质量，它的大行星地位无可撼动，因此提丢斯 - 波得定则在经过 80 年的辉煌后黯然衰落，逐渐被人们抛诸脑后。

进入 21 世纪以来，得益于观测和分析手段的进步，人们在短时间内发现了数量空前的太阳系外行星，其中既有体积庞大的类木行星，又有大小与地球相仿的类地行星。如此一来，可以用来检验提丢斯 - 波得定则普适性的样本数量大大增加。的确，有的太阳系外行星系似乎也遵循类似于提丢斯 - 波得定则的分布规律，但更多的行星围绕恒星公转的轨道其实是多种多样的，毫无规律可言。因此，提丢斯 - 波得定则的物理意义还有待更进一步探讨。

第三章

宇宙的尺度

如果你问宇宙外面是什么，就等于你已经承认宇宙有边界，否则怎么会有外面呢？尽管这个问题难以回答，但因为它是物理学研究领域中一个极其重要的宇宙学问题，所以历代科学家都在积极地探索，力争对此做出合理的解释。

有人认为宇宙是一个有限的结构，宇宙的最外层是由恒星天体构成的，因此恒星天体就是宇宙的边界，在它之外，就没有空间了。可以说，哥白尼的日心说就是建立在这种假说的基础上的。在牛顿生活的时代，科学家开始接受无限无边的观点，即认为宇宙的体积是无限的，也没有空间边界。

宇宙对人类而言充满了神秘，人类所处的银河系仅仅是无数星系中的一员，而银河系内的恒星数量有 1000 亿颗以上，太阳也只是非常普通的一颗恒星。根据科学研究，地球生命可能起源于彗星、小行星等这些游离天体，地球从单细胞生命发展到人类经历了数十亿年，这一过程非常奇特，关于人类从何而来的讨论仍然经久不衰。

一、辽阔的太阳系

2013 年 9 月 13 日，NASA 发布消息称，已确认"旅行者 1 号"飞出太阳系，正式进入星际空间（图 3-1）。"旅行者 1 号"是一颗无人外太阳系空间探测器，重 815 千克，于 1977 年 9 月 5 日发射。原计划是造访并考察太阳系的外行星（如木星、土星）及其卫星，拍摄它们的高分辨率照片，随后向宇宙深处进发。"旅行者 1 号"是离地球最远的人造飞行器，

图 3-1 "旅行者 1 号"飞出太阳系

截至 2020 年 3 月距离地球已经大约 222 亿千米，信号以光速传播也需要大约 20 个小时才能抵达地球。比"旅行者 1 号"早发射两周的"旅行者 2 号"，截至 2020 年 3 月距离地球大约 185 亿千米。

在 40 余年的时间里，"旅行者 1 号"飞过了约 148 个天文单位的距离。NASA 认为，目前"旅行者 1 号"已经飞出太阳系，但学术界意见并不统一。有人认为，"旅行者 1 号"飞过的距离还不到太阳系半径的 1/400，飞出太阳系还需 30 000 年。

太阳系到底有多大？太阳系的边界到底在哪里？ NASA 曾表示，太阳系的边界有三种定义方式。

第一，以行星的轨道为界，海王星在太阳系最边缘。冥王星被踢出行星大家族后，海王星是目前已知的距离太阳最远的行星，轨道距离太阳约 30 个天文单位。早在 1990 年，"旅行者 1 号"就已经飞过了海王星轨道，飞掠冥王星的"新地平线号"也早已探访过那里。但是这种定义方法有明显缺点。在海王星轨道之外还有很多彗星、小行星等天体，如果它们不算太阳系成员又算什么呢？

第二，以太阳风为界，日球层顶包裹着太阳系。NASA 宣布"旅行者 1 号"已飞出太阳系便是基于这一判断标准，科学家认为，"旅行者 1 号"搭载的仪器显示其已经冲出包围太阳系的日球层顶。虽然 NASA 谨慎地指出，太阳系边界有不同的定义方式，因此"旅行者 1 号"的行为可以严谨地描述为进入了星际空间，而不是飞出太阳系，但仍有"不买账"的科学家发表论文表示异议。因为飞出日球层进入星际空间有三个条件：一是来自太阳的带电粒子数量急剧下降；二是来自太阳系外的低能宇宙线粒子数量急剧增多；三是磁场方向发生明显的偏转。遗憾的是，"旅行者 1 号"始终没有探测到磁场方向的偏转。

第三，以引力范围为界，奥尔特云是最远边疆。天文学家倾向根据太阳的万有引力来定义太阳系边界，即如果一个天体主要受到太阳引力的作用围绕太阳运动，那么它就是太阳系天体。但是太阳引力产生作用的最远边界在哪里呢？天文学家认为，在太空中某处，太阳引力和邻近恒星的引力达到平衡，即太阳系边界。

1950年，荷兰天文学家扬·亨德里克·奥尔特（Jan Hendrik Oort）提出，在太阳系遥远的疆域有一片冰冷的云团，那里孕育着1000亿颗长周期彗星，这片彗星云团被称作奥尔特云，一直延伸至距离太阳50 000~150 000个天文单位的区域。这里是太阳引力束缚天体做圆周运动的最远区域，也就是太阳系的边界。"旅行者1号"需要30 000年才能飞出太阳系，正是基于奥尔特云延伸至距离太阳100 000个天文单位的假设。

从大众的角度来看，NASA所依据的太阳系定义标准可能更好一些，至少可以更好地激发人们探索宇宙的兴趣，给人们带来希望。毕竟，如果上万年的飞行都还不能飞出太阳系，那真是一件令人绝望的事情。

二、宇宙有多大？

1920年春天，全世界著名天文学家聚集在华盛顿的美国国家科学院（National Academy of Sciences，NAS），举行了一场"世纪天文大辩论"。辩论主题之一是"银河系有多大"。辩论双方是美国重量级天文学家，一位是哈罗·沙普利（Harlow Shapley，美国国家科学院院士，曾任哈佛大学天文台台长，美国天文学会会长），另一位是希伯·道斯特·柯蒂斯（Heber Doust Curtis，美国天文学家）。这场辩论就是著名的"沙普利-柯蒂斯之争"（图3-2）。沙普利认为银河系直径可达30万光年，仙女座星云只是银河系中的一片星云状天体；而柯蒂斯认为银河系直径只有4万光年，仙女座星云距离地球至少50万光年，远在银河系之外。双方针锋相对，展开了激烈的辩论，谁也无法说服对方。随着岁月的流逝，情况逐渐变得明朗起来：仙女座星云位于银河系之外，关于这一点，柯蒂斯

图 3-2 "沙普利－柯蒂斯之争"与埃德温·鲍威尔·哈勃

是对的，沙普利是错的。但是银河系的直径到底有多大，仍无定论。实际上，随着天文学的不断发展，人们观测推算出的银河系直径在不断变大。2015年，有科学家发表研究成果，将银河系直径从10万光年提高至20万光年，整整增加了一倍。也许不久的将来，沙普利所说的30万光年也将成为现实。无论如何，经过"沙普利－柯蒂斯之争"，有史以来第一次，一幅由星系构成的宇宙图景，极其壮观地展现在人们眼前。

这场未分胜负的"世纪天文大辩论"过去了三年之后，一位伟大的人物横空出世。1923年，他利用威尔逊山天文台的254厘米反射望远镜拍摄了M31仙女座星云和M33三角座星云的照片，对星云边缘的造父变星[①]进行分析后，确定这些星云距离我们几十万光年，远超过当时认为的银河系的直径尺度，因而它们一定是银河系外巨大的天体系统——河外星系。这个人就是天文学一代宗师、"星系天文学之父"、观测宇宙学的开拓者——埃德温·鲍威尔·哈勃（Edwin Powell Hubble），一个有着传奇经历的人。

1850年，德国博物学家亚历山大·冯·洪堡（Alexander von Humboldt）在其《宇宙》第三卷中，首次提出了"宇宙岛"的概念，"宇宙岛"形象地表达了星系在宇宙中的分布，后来被广泛采用。在宇宙大爆炸之后的膨胀过程中，分布不均匀的物质受到引力的作用，逐渐聚集形成一个个星系，就像在宇宙中飘浮的岛屿。

那么宇宙到底有多大呢？让我们从地球向外看一看吧！

我们先把目光投向地球最近的邻居——月球。一个地球约有49个月球那么大。其实月球体积在太阳系所有已知天体中排名还算比较靠前，位

---

① 造父变星是一类高光度周期性脉动变星，其亮度随时间呈周期性变化。仙王座δ星（仙王座第四颗星）便是一颗非常典型的高光度周期性脉动变星，其中文名为造父一（造父是我国古代传说中一位善于驾驶马车的人），因此这类变星统称为造父变星。根据造父变星的亮度周期关系可以确定星团、星系的距离，因此造父变星被誉为"量天尺"。

居第十四，而且月球还是太阳系八大行星已知卫星中的第五大卫星。月球的半径大约为 1737 千米，比月球更大的四颗卫星分别是木卫三盖尼米得（Ganymede，平均半径 2634 千米）、土卫六泰坦（Titan，平均半径 2576 千米）、木卫四卡里斯托（Callisto，平均半径 2410 千米）、木卫一伊奥（Io，平均半径 1815 千米）。木卫三和土卫六的大小都超过了水星，木卫四也几乎和水星一样大，直径为水星的 99%。

假设我们的地球像一个橙子那么大，直径约为 8 厘米，那么其他七大行星的大小是怎样的呢？

首先我们看看位于地球轨道以内的邻居——金星。太阳系中金星的体积和地球是最接近的，只比地球小一点，如果地球是一个橙子，那么金星大概是稍微小一点的苹果。离太阳最近的水星就像荔枝那么大，而位于地球轨道之外的邻居——火星大概像李子那么大。

接下来是八大行星中的几个大家伙了。作为太阳系最大的一颗行星——木星，其直径比地球大 10 倍还要多，体积约有 1300 个地球那么大。如果地球是一个橙子，那么木星则像两把撑开的雨伞围在一起那么大。而木星的邻居——土星也很庞大，相较于橙子（地球），它的直径比我们上课所使用的单人书桌还要大，体积能装下 830 个地球。天王星和海王星就像两个大小相近的大西瓜，天王星有 65 个地球大，海王星有 58 个地球大。太阳系中最大的当然是太阳，有 130 万个地球那么大！

虽然在太阳系中，太阳可以称得上是巨无霸，但是天外有天，在太阳系之外，还有无数比太阳大得多的天体，简直大得无法形容！例如，仙后座 V509、天鹅座 KY、仙王座 μ 星等。2012 年以前，大犬座 VY 星一直坐在已知最大星体的"头把交椅"上，体积至少是太阳的 80 亿倍。但现在它已沦为第二大了，目前已知最大星体是盾牌座 UY 星，其体积是太阳的 210 亿倍！

那么，这就是宇宙的最大尺度了吗？

不！这只是我们已知最大的星体，盾牌座 UY 星不过离地球 6000 光年，目前已知的银河系直径至少有 10 万光年，其连银河系的 1/10 都不到！而银河系在整个宇宙中仅仅是沧海一粟。

现代天文学研究发现，银河系就像一个巨大的旋涡，而太阳系就处在这个旋涡的一条旋臂上。银河系所拥有的恒星数量超过 1000 亿颗。太阳系和其他恒星系都围绕着银河系中心运动。

银河系位于本星系群[①]中，在本星系群中存在着超过 50 个像银河系一样的星系。目前人类探测到的本星系群中的最大星系是仙女座星系，其次是银河系。本星系群延伸的范围达到 1000 万光年，中心位于银河系和仙女座星系之间的某处。

本星系群并不是最大的天体系统，它自身位于室女座超星系团[②]中。室女座超星系团就像一张巨大的薄饼，直径超过 1 亿光年，包含 1000～2000 个星系。至于超星系团之上是什么层次，目前尚未研究证实。

宇宙之浩渺，从层层结构中可以体现出来：地球位于太阳系，太阳系位于银河系，银河系属于本星系群，本星系群属于室女座超星系团，而室女座超星系团可能还只是宇宙中的一个层次结构而已，更广阔的尺度上又是怎样的呢？

我们的宇宙到底有多大，你能想象出来吗？

三、量天尺

人类历史上最古老的话题就是生命的起源，从哲学家、诗人到数学

---

① 星系群和星系团都是指相互之间有一定关联，且由若干星系组成的天体系统。天文学家一般把 100 个以下的星系组成的天体统称为星系群，超过 100 个的称为星系团。银河系与数十个星系组成了本星系群。
② 超星系团是若干星系群或星系团组成的更高一级的天体系统，也称为二级星系团。本超星系团是指包含本星系群的超星系团，也称为室女座超星系团。

家、物理学家都提出了不同的观点，多数科学家认为我们所生存的宇宙经历了一次大爆炸，大约在138亿年前宇宙诞生了，大约在46亿年前太阳系诞生了，逐渐演化出如今我们所看到的八大行星。但是我们仍然没有足够的证据证明宇宙从何而来，只能通过捕捉大爆炸的余晖来寻觅与宇宙起源有关的线索。

我们可以观测到，宇宙中几乎所有的星系都在远离我们，这是因为宇宙处于膨胀之中，而且速度越来越快。从各方面独立观测得到的结果，都证实了宇宙加速膨胀的正确性，包括宇宙微波背景辐射、宇宙的大尺度结构、宇宙的年龄、对于超新星更精确的观测量、星系团的X射线性质等。目前在人类可观测的宇宙中有超过1000亿个星系，也有许多与银河系类似的星系，越遥远的星系离我们而去的速度越快。如果宇宙正在加速膨胀，那么在遥远的过去，宇宙一定非常小，所有物质都集中在一个致密的点上，在宇宙大爆炸的那一刻，时间和空间被赋予了意义。

科学家甚至已经计算出宇宙大爆炸的年代，大约在138亿年前的某个时刻，虽然我们无法直接观测到星系的快速远离，但可以通过其发出的光来确定，红移现象的发现使我们确定了宇宙正在膨胀。理解红移现象其实比较简单，如可以通过音调和响度的变化来判断一辆消防车是在远离我们还是在接近我们，类似的效应用于光谱分析上就可以判断这些星系是否在远离我们。光也有波的性质，当星系远离我们时，光波会被拉长，长波长对应红光，因此我们会在光谱上看到谱线朝红端偏移。

科学家是如何计算遥远的星体有多大、离我们有多远呢？

对于星体距离的分析，根据不同远近，有不同计算方法，但是所有经典方法都可以归为两类，即标准光度法和标准尺度法。

标准光度法的原理是根据星体的亮度判定它的距离，星体离得越远，看起来就越暗。这类方法有造父变星法、Ia型超新星测距法等。

标准尺度法的原理是根据星体的尺度判定它的距离，星体离得越远，看起来就越小。这类方法有三角视差法、周年视差法等。

对于星体大小的分析，不同的星体用不同的模型，通过对星体的观测，确定它的类型，然后套用模型（对每一种星体套用多种模型，取与观测最相符的模型），就会得到所需的物理参数。例如，对主序星[①]，我们可以测得它的光度及表面温度，把它点在赫罗图上。赫罗图相当于一个模型，在主序带上，有等质量线，然后就可以估计出这颗主序星的质量。

研究宇宙的诞生需要寻找宇宙极早期所留下的信息，科学家发现大爆炸在宇宙空间中残存的余晖就是微波背景辐射，虽然我们无法用肉眼看到，但是用一些特定波长的望远镜可以看到。此外，宇宙还有其他形式的辐射，如 X 射线、红外线、紫外线、微波等，我们肉眼所看到的可见光波段只是光谱上的一小段。

延伸阅读

赫 罗 图

赫罗图是恒星的光谱类型与光度关系图，纵轴是光度与绝对星等，横轴则是光谱类型及恒星的表面温度，从左向右递减。赫罗图是由丹麦天文学家埃纳尔·赫兹伯隆（Ejnar Hertzsprung）及美国天文学家亨利·诺里斯·罗素（Henry Norris Russell）分别于 1911 年和 1913 年独立提出的，是研究恒星演化的重要工具，因此，以当时两位天文学家的名字来命名，称为赫罗图。

---

①持续的热核反应，使恒星内部压力增强到足以和引力相抗衡，恒星进入一个相对稳定的时期，达到完全的流体静力学平衡状态，这个时期的恒星称为主序星。

第四章

太空并不『空』

茫茫太空并不空。在地球大气层以外的宇宙空间，存在着许许多多我们肉眼难以发现的东西，如高能宇宙射线、低能等离子体、宇宙尘埃等。像地球和木星等天体周围空间还存在着大量高能带电粒子的聚集区，称为辐射带，其中的带电粒子以质子和电子为主。宇宙射线中包含有元素周期表中所有元素的重离子。除了这些组成物质的粒子外，宇宙中还有反粒子（如正电子）、各种场（磁场、电场等）、暗物质及暗能量等。看似空空如也的广袤太空，其实远比表面所见的更加丰富多彩。

一、地球辐射带

许多天体都有磁场，磁场俘获了高能带电粒子之后，形成辐射很强的辐射带。最典型的就是地球辐射带（图4-1），分为内辐射带和外辐射带，内辐射带离地面较近，而外辐射带离地面较远。由于美国科学家詹姆斯·范艾伦（James A. van Allen）最先发现，辐射带又称为"范艾伦带"。

内辐射带的中心位置距离地面约3000千米，高度在地表以上600～6000千米，带电粒子以质子和电子为主；外辐射带的高度在地表以上13 000～60 000千米，带电粒子以电子为主。

辐射带的范围和形状受地磁场的制约，也与太阳活动有关，在朝太阳的方向被太阳风压缩。辐射带中的带电粒子数量也与地磁场和太阳活动的变化有关。

辐射带从四周把地球包围了起来，而在两极处留下了空隙，也就是说，地球的南极和北极上空几乎不存在辐射带。1992年2月初，美国和

图 4-1 地球辐射带示意图

俄罗斯的科学家宣布，他们发现了地球的第三条辐射带，位于内外范艾伦带当中的位置，是由所谓的反常宇宙线——大部分是丢失一个电子的氧离子构成的。

　　曾经人们一直认为地磁场就像一根大磁棒的磁场，磁力线对称分布，向外逐渐消失在行星际空间。人造卫星的探测结果纠正了人们的错误认识，绘出了全新的地磁场图像：当太阳风到达地球附近空间时，太阳风与地球的偶极磁场发生作用，把地磁场压缩在一个固定的区域，这个区域称为磁层（图 4-2）。磁层像一个头朝太阳的蛋形物，它的外壳叫作磁层顶。地球的磁力线被压在壳内，在背着太阳的一面，壳拉长，尾端呈开放状，磁力线像地球母亲的长发，飘散到 200 万千米以外。磁层就像一道屏障，

延伸阅读

地球辐射带的发现

　　早在 20 世纪初，就有科学家提出，太阳在不停地发出带电粒子，这些粒子被地磁场俘获，束缚在离地表一定距离的高空，并形成一条带电粒子带。第二次世界大战后，美国和苏联展开了军备竞赛，1958 年美国发射的"探险者 1 号"携带有盖格计数器，探测数据表明，盖格计数器飞行期间信号饱和，范艾伦等科学家大胆假设该探测区域存在大量高能粒子，从而使盖格计数器饱和。范艾伦根据"探险者 1 号""探险者 3 号""探险者 4 号"的观测资料证实了这条辐射带的存在，确定了它的结构和范围，并发现其外面还有另一条带电粒子带，于是离地面较近的辐射带被称为内辐射带，离地面较远的辐射带被称为外辐射带。而在此之前，苏联发射的"斯普特尼克 2 号"也携带了盖格计数器，且探测数据也显示饱和，但苏联科学家认为这可能是设备损坏导致的，没有进行报道，从而与这一重大科学发现失之交臂，由此可见科学研究中大胆假设的重要性。

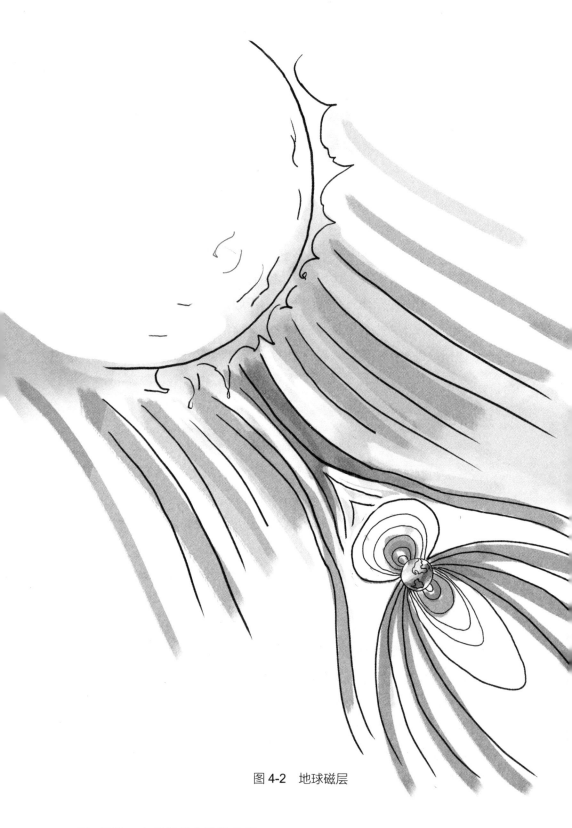

图 4-2 地球磁层

保护着地球上的生物免受太阳风的袭击。同时，地球磁层非常复杂，其中的许多物理机制需要进一步研究和探讨。

二、神奇的粒子

在太空中，各种天体向外辐射电磁波，许多天体还向外辐射高能粒子，形成宇宙射线。例如，太阳会发射出电磁波、太阳宇宙线和太阳风。太阳宇宙线是太阳在爆发耀斑时向外发射的高能粒子，而太阳风则是由日冕吹出的高速等离子体流。此外，太空中还有来自银河系的高能粒子，被称为银河宇宙线。

无论是太阳风还是地球辐射带，其主要粒子成分都是电子、质子、重离子。除此之外，太空中还存在着一种更为微小的神奇粒子——中微子，它的质量甚至不到电子的百万分之一。

接下来，我们讲讲中微子的故事。

太阳不仅赐予人类光，还发射了无数中微子，它们每时每刻都在穿过我们的身体。如果我们把大拇指竖起来，每秒钟就会有 700 亿个中微子从大拇指中穿过。而任何试图躲避中微子穿透身体的姿势都是徒劳的。一个中微子在太阳内核产生后，只要 2 秒就可以离开太阳表面，然后以近光速的速度飞行 8 分钟后到达地球。它们穿过整个地球只需要 0.02 秒，畅通无阻，我们的身体对它们来说根本就是透明的……我们目前知道的力有四种：引力、电磁力、弱力及强力。后两者只发生在原子核内部，所以我们平时都感受不到。除引力外，中微子只参与弱力（比强力弱非常非常多），它们可以毫不费力地穿过一光年厚的铅墙，也不会撞上任何其他粒子。

也正因为中微子不容易和其他粒子发生反应，所以很长一段时间，我们都不知道它的存在。20 世纪 20 年代，众多实验发现在 β 衰变中，能量守恒定律不管用了。按理说，中子衰变成一个质子和一个电子（n → p +

e），电子的能量应该永远是中子和质子的能量差。但实际测量到的电子却有多种能量，并且都比预测的能量要小——有一部分能量莫名其妙地消失了。这是怎么回事？物理学家开始怀疑能量守恒定律，觉得也许他们奉为黄金准则的能量守恒定律没想象中那么普适了。

1930 年 12 月 4 日，在德国举办了一场放射性研究物理大会，沃尔夫冈·恩斯特·泡利（Wolfgang Ernst Pauli）让朋友在会上宣读了他的一封信，建议将"消失的能量"用一个新粒子来解释。也就是说，中子衰变后，除了质子和电子外，还有第三个粒子产生出来。但他在信里补充说："我的建议并不可信，如果真是这样的话，我们怎么还没观测到那个新粒子呢？"后来他也一直觉得这个猜测太离谱，根本就没有花时间把它写进论文里。倒是在 1933 年，恩里克·费米（Enrico Fermi）觉得这个想法不错，就把这种新粒子加进了他的 β 衰变理论里，并取名为中微子（neutrino）——来自意大利语，意为"中性的微小粒子"。

在"泡利猜想"后的第 26 年，中微子终于在 1956 年被克莱德·考恩（Clyde Cowan）和弗雷德里克·莱因斯（Frederick Reines）等用实验证实。他们用两个各装有 100 升水的容器作为探测器，发现从核反应堆里产生的中微子与容器里的质子作用，发生 β 衰变并产生伽马射线和中子。泡利在这次发现不久后去世，也算是幸运地在有生之年见证了中微子被成功探测到。

大部分的中微子探测器都是埋在很深的地下。为什么呢？因为地球表面充斥着来自外太空的宇宙线高能粒子，可以产生类似中微子的信号。把探测器埋在地下，可以利用地球屏蔽这些高能粒子，以降低噪声的干扰。

在宇宙大爆炸发生后的瞬间，整个宇宙像一锅超级热的汤，各种粒子（包括中微子）不停地产生或湮灭。而当宇宙迅速膨胀，粒子密度骤然下降后，中微子再也撞不到其他（有电磁力和强力作用的）粒子，于是在宇宙大爆炸后仅一秒钟，中微子就停止了和其他粒子的弱力作用，从此在宇宙中自由飘荡——这就是宇宙中微子背景辐射。你也许听说过另一种宇宙背景辐射——宇宙微波背景辐射，它与宇宙中微子背景辐射的原理类似，是与电子分离后的光子在宇宙中自由穿行。然而宇宙微波背景辐射来源于宇宙诞生后约 38 万年，远远晚于宇宙中微子背景辐射。

虽然来自宇宙大爆炸后的中微子正飘荡在宇宙的各个角落，但地球上最先进的探测实验设备也难以捕捉到它们的身影，因此它们常被称为"幽灵粒子"。你的一杯水中就有几千个宇宙中微子，但可惜的是，我们无法像探测太阳中微子一样探测这些宇宙中微子，因为它们的能量实在太弱了，根本就无法撞动我们探测器中的原子核。

除各种基本粒子之外，宇宙中还存在着各种元素。宇宙大爆炸后，在宇宙中形成氢和氦两种元素，其中氢占 3/4，氦占 1/4。后来它们大多数逐渐凝聚成团，形成恒星和星系。恒星中心的氢和氦依次发生核聚变，生成氧、氮、碳等较重的元素。在恒星死亡时，剩下的大部分氢和氦及氧、氮、碳等元素散布在太空中。其中主要的仍然是氢，但非常稀薄，平均大约每 10 立方厘米中才有 1 个氢原子。

自宇宙大爆炸以后，随着宇宙的膨胀，温度不断降低，虽然有恒星向外辐射热能，但恒星的数量是有限的，而且其寿命也是有限的，所以宇宙的总体温度是逐渐下降的。经过 100 多亿年的历程，太空已经成为高寒环境。对宇宙微波背景辐射的研究证明，太空的平均温度为 -270.3 摄氏度。

太空还存在着微重力环境，重力加速度仅为地球表面的 1/100 000～1/100。太空环境除具有强辐射、超低温、高真空和微重力等特点外，还存在高速运动的尘埃和微流星体。它们有着极大的动能，1 毫克的微流星体可以穿透 3 毫米厚的铝板。

随着航天事业的发展，太空中废弃的人造卫星等航天器越来越多，还有进入轨道的运载火箭上面级。它们有的被人为遥控炸毁，有的自行分裂成碎片。这些碎片将在一定的时间内继续绕地球飞行成为太空垃圾，使近地太空环境更加复杂。太空垃圾的运行速度较高，对使用中的航天器造成撞击威胁。

地球之外各天体上的环境千差万别，不像太空环境那样千篇一律。就太阳系来说，各行星、卫星上的环境也很不相同。它们有的没有大气（如水星、月球），有的有稀薄的大气（如火星），有的有浓密的大气（如金星、木星）；而大气的成分也各不相同，如金星、火星大气的成分主要是二氧化碳，木星大气的成分主要是氢气；有的有全球磁场，有的只有局部磁场；有的有固体表面（如水星、金星、火星、月球），有的没有固体表面（如木星、天王星、海王星）；有的表面温度很高（如金星高达470摄氏度），有的表面温度极低（如冥王星最低达-253摄氏度）；彗星则完全是由尘埃和冰块组成的，如此等等。

第五章

易怒的太阳

太阳是太阳系内太空环境变化的最主要源头。就像图 4-2 中描绘的那样，太阳不停地向四面八方散发太阳风，并不定时地发生爆发性活动，向太空释放大量高速运动的带电粒子，对包括地球在内的太阳系天体环境产生扰动，也对人类社会活动造成影响。虽然在地球磁场的保护下，人类社会免受了绝大多数太阳活动的"骚扰"，但仍然不时有无孔不入的"漏网之鱼"会穿过地球磁场屏障，对近地环境和人类日常活动产生重大影响，甚至使不明真相的人们产生末日恐慌等严重后果。

因此，人类必须正确认识头顶的太阳——一颗容易发怒的大火球。

一、太阳风

人们经常能在科幻小说或科技文章中看到"太阳风"这个名词术语。不过，太阳风仅仅是一种形象的说法，此风非彼风，它与我们地球上空气流动形成的风性质完全不同。简单地说，太阳风是指从太阳大气最外层的日冕向太空中持续放射的粒子流。太阳风的得名还与彗星有关。人们通过先进的观测手段发现彗星离太阳越近，彗星的尾巴就越长，且彗尾的方向总是背对着太阳，于是开始猜测，也许太阳会发出一种类似于风的东西，对彗星产生影响。

1958 年，美国人造卫星上的粒子探测器，探测到太阳上有微粒流发出，美国科学家尤金·帕克（Eugene Parker）将其形象地命名为太阳风。

太阳风是从太阳上层大气射出的超声速等离子体流。对其他恒星来说，这种带电粒子流也常称为恒星风。太阳风是一种连续存在，来自太阳并高速运动的带电粒子流。这种物质虽然与地球上的空气不同，不是由气体的分子组成，而是由更简单的比原子还小一个层次的基本粒子——电子和离子组成，但它们流动时所产生的效应与空气流动十分相似，所以称为太阳风。

太阳风的密度与地球表面风的密度相比是非常稀薄且微不足道的。一般情况下，在地球附近的行星际空间中，每立方厘米有几个到几十个粒子，而地球表面的风每立方厘米大约含有 2.7×10^{19} 个分子。太阳风虽十分稀薄，但它刮起来的猛烈程度，却远远胜过地球上的风。在地球上，12级台风的风速是每秒 32.7～36.9 米，而太阳风的风速，在地球附近经常保持在每秒 350～450 千米，是地球风速的上万倍，最猛烈时每秒可达 800 千米。

从太阳的日冕释放到行星际空间的太阳风带电粒子流密度虽然低，但还能和地球磁层相互影响。

为了能够清楚地表述太阳风是怎样形成的，需要先了解太阳大气的分层情况。

一般情况下，我们把太阳的结构分为六层，由内到外依次命名为：日核、辐射层、对流层、光球、色球和日冕。前三者为太阳的内部圈层；后三者为太阳的外部圈层，也称太阳大气。日核的半径为太阳半径的 1/5～1/4，它集中了太阳质量的一半，并且是太阳 99% 以上能量的发生地。光球是我们平常所见的明亮的太阳圆面，太阳的可见光全部是由光球面发出的。

日冕位于太阳的最外层，属于太阳的外层大气，太阳风就是在这里形成并发射出去的。在日全食时，人们可观察到暗黑的天空背景上，月掩日轮周围呈现着血色的光区，这就是太阳的最外层大气——日冕。日冕温度很高，气体的动能较大，因此可克服太阳的引力向星际空间膨胀，形成不断发射的一种较稳定的粒子流，这就是太阳风。这些挣脱了太阳引力的粒子沿着日冕的磁力线飞向星际空间。在靠近太阳的区域，太阳风基本沿径向行进；在远离太阳的区域，太阳磁场由于受太阳自转的影响，形成阿基米德螺线形状，太阳风就沿着阿基米德螺线射向太空。每秒钟大约 100 万吨的物质以太阳风的形式从太阳逃逸，这同太阳光线能量的等价质量相比是很小的。如果把太阳光线的能量换算成质量，太阳大约每秒钟损失 450 万吨的质量。

人们最初根据彗尾总是背离太阳这一现象，猜想到太阳风的存在。20 世纪 60 年代初，科学家通过人造卫星和宇宙飞船的观测，证明确实存在太阳风。70 年代的空间观测发现，在 X 射线日冕照片上有条状或块状的局部暗黑区域，称为冕洞。冕洞是日冕上的某些辐射和亮度比周围弱很多的区域，它反映日冕物质分布不均匀。冕洞是太阳磁场的开放区域，这里的磁力线向宇宙空间扩散，大量的等离子体顺着磁力线跑出去，形成高速运动的粒子流。粒子流在冕洞底部的速度为每秒 16 千米左右，当到达地球轨道附近时，速度就达到每秒 350 千米以上。太阳风可以吹得很远，一直吹到冥王星轨道之外，进入辽阔的星际空间。

通常太阳的能量爆发来自太阳耀斑或其他被称为太阳风暴的自然现象。这些太阳活动可以被卫星观测到，主要标志是强烈的辐射。被地磁场俘获的太阳风粒子储存在地球辐射带中，这些粒子在磁极附近与地球大气层作用引起极光现象，具有和地球类似磁场的其他行星也有极光现象。在星际介质（主要是稀薄的氢和氦）中，太阳风就像是从太阳吹出的一个"大泡泡"，"大泡泡"里面包裹的是整个太阳系空间。在太阳风不能继续推动星际介质的地方称为日球层顶，这也通常被认为是太阳系的外边界。这个外边界距离太阳到底有多远还没有精确的结果，可能根据太阳风的强弱和当地星际介质的密度而变化，一般认为它远远超过了冥王星的轨道。

使彗星产生尾巴的也正是太阳风。彗星在靠近太阳时，星体周围的尘埃和气体会被太阳风吹到后面去，这一效应也在人造卫星上得到了证实。

像"回声1号"那样又大又轻的卫星，就会被太阳风吹离事先计算好的轨道。

在太阳风和星际物质交会的地方，会产生冲击波，称为弓激波或舷激波，因类似于船在水中前进时船头形成的水浪激波而得名。1977年发射的"旅行者1号"探测器在2003年曾飞越弓激波区域，当时该区域距离太阳128亿～180亿千米。

当太阳风到达地球附近时，与地球的偶极磁场发生作用，并把地磁场的磁力线吹得向后弯曲，但地磁场阻碍了等离子体流的运动，使太阳风不能侵入地球大气，而是绕过地磁场继续向前运动，于是形成一个空腔，地磁场就被包含在这个空腔里。此时的地磁场外形就像一个一头大一头小的蛋状物。

但是，当太阳出现突发性的剧烈活动时，情况会有所变化。

太阳活动通过太阳风暴传到地球，再经过与地磁场的相互作用，有时会引起一系列影响人类活动的事件。例如，通信卫星失灵、高纬地区电网失效、短波通信和长波导航质量下降等。宇宙中，许多恒星甚至许多星系都会向外发出它们自己的风，导致其物质的损失并影响其周围的星际空间或星系际空间。太阳风是目前唯一能直接观测到的恒星风。21世纪人类将进一步利用地球的外层空间环境，空间环境预报（或称空间天气预报）将会十分重要，搞清楚太阳风的起源及其加热和加速机制，对于建立有效的空间天气预报体系有着十分重要的意义。

太阳风是20世纪空间探测的重要发现之一。经过多年的研究，人们对太阳风的物理性质有了基本了解，但是至今尚未确切地知道太阳风是怎样得到等离子体的供应及能量供应的，太阳风与地磁场的复杂作用过程是怎样的……这些问题仍然是空间物理学领域中研究的热点，也对进一步认识宇宙等离子体有着至关重要的影响。

二、太阳风暴

太阳风暴指太阳在黑子活动高峰阶段产生的剧烈爆发活动，最初由美国"水手2号"探测器于1962年发现。太阳爆发时向广袤的宇宙空间释放大量带电粒子，形成高速粒子流，严重影响地球的空间环境，破坏臭氧层，干扰无线电通信，对人体健康产生影响，科学家把这一现象比喻为太阳"打喷嚏"。

1859年，一位名叫理查德·克里斯托弗·卡林顿（Richard Christopher Carrington）的英国天文学家在观察太阳黑子时，发现在太阳表面上出现了一道小小的闪光，持续了约5分钟。卡林顿认为是自己碰巧看到一颗大陨石落在太阳上。

到了20世纪20年代，由于有了更精密的研究太阳的仪器，人们发现这种太阳上的闪光是很寻常的事情，它的出现往往与太阳黑子有关。1899年，科学家发明了太阳摄谱仪，用来观察太阳发出的某一种波长的光，并且能够拍摄太阳的照片。于是人们根据太阳大气的光谱推断出太阳大气中含有氢、钙元素。经过研究发现，太阳的闪光和陨石毫不相干，只不过是炽热的氢短暂爆炸而已。

小型的闪光是十分常见的事情，在太阳黑子密集的部位，一天能观察到100多次，特别是在太阳黑子"生长"过程中更是如此。像卡林顿所看到的那种巨大的闪光是很罕见的，一年只发生几次。

有时候，闪光正好发生在太阳表面的中心，爆发的方向正冲着地球，在这样的爆发过后，地球上会一再出现奇怪的事情。一连几天，极光都会很强烈，有时甚至在温带地区都能看到。罗盘的指针也会不安分起来，发疯似地摆动，因此这种效应有时被称为磁暴。随着科技的进步，极光的奥秘越来越为我们所知。原来，这美丽的景象是太阳与大气层合作"表演"出来的作品。地磁场形如漏斗，尖端对着地球的南北两个磁极，因此太阳风暴的带电粒子沿着地磁场这个"漏斗"沉降，进入地球的两极地区。两极的高层大气受到带电粒子的轰击后会被电离，发出光芒，形成极光。在南极地区形成的极光叫作南极光，在北极地区形成的极光叫作北极光。

太阳风暴对地球至关重要，因为太阳一"打喷嚏"，地球往往会"发高烧"。太阳风暴随太阳黑子活动周期变化，约每11年有一个高峰期。

20世纪之前，这类情况对人类并没有多少影响。但是，到了20世纪之后，人们发现，太阳风暴引发的磁暴会影响无线电接收，各种电子设备也会受到影响。由于人类越来越依赖这些设备，磁暴的影响也就变得越来越重要了。例如，在磁暴期内，无线电和电视转播信号会中断，雷达也不能正常工作。

太阳风暴会导致地球大气密度的增大，对低轨道航天器的摩擦阻力也会增大，从而使航天器轨道高度快速下降。2003年10月底，"神舟五号"轨道舱就曾因太阳活动导致轨道高度快速下降300米，如不进行轨道高度修正，飞船就会提前坠落。

太阳风暴对人造卫星也是重大的考验，可能造成星上电子设备短路，使卫星通信发生故障，甚至中断。而对于飞机和人造卫星而言，这样的通信故障有时会带来灾难性的后果。例如，飞机失去地面导航，便无法做出飞行方向的判断；而卫星失去地面通信，则可能迷失方向，甚至脱离轨道。

三、地球的保护伞

太阳风暴虽然猛烈，但绝大部分不会吹袭到地球表面上来。这是因为地球有着自己的保护伞——地磁场。

一间窗户被风刮开的房子，虽然总体上还能抵御猛烈风暴的袭击，但破窗而入的狂风会将屋里刮得一团糟。地磁场就像一张严密的大网包裹在地球周围，把太阳风暴阻挡在地球之外，然而百密一疏，仍然会有少数"漏网之鱼"闯进来，给地球带来一系列破坏。地磁场在太阳风暴面前就像是一间偶尔会"漏风"的房子，其"漏洞"会持续"透风"长达数小时，于是来自太阳的带电粒子便有了可乘之机，从"漏洞"进入地球磁层空间内甚至大气层内，扰乱通信和电力系统等。

早在 1961 年，英国帝国理工学院的科学家就曾预测，当太阳风所包含的磁场朝向在局部与地磁场朝向相反时，两个磁场的"磁重联"过程会导致地磁场这把保护伞产生缝隙，使太阳风的带电粒子乘虚而入。其他科学家后来证实了缝隙的存在，但地磁场的这种缝隙是时开时合还是会长时间保持敞开，科学家仍在进一步研究。

美国加利福尼亚大学伯克利分校的哈拉尔德·弗雷（Harald Frey）和其同事借助 NASA 的全球磁顶层与极光成像探测卫星（Imager for Magnetopause-to-aurora Global Exploration，IMAGE）和欧美合作的"星团"计划所属卫星的观测数据，首次发现地磁场缝隙会长达数小时处于敞开状态。据他们测算，在距地球表面约 6 万千米的地球磁层边界上，缝隙面积可能达到地球表面积的两倍，由此进入的太阳风暴带电粒子最终在北极上方电离层中产生面积相当于美国加利福尼亚州大小的质子极光。

太阳风暴会干扰地磁场，使地磁场的强度发生明显的变化；它还会影响地球的高层大气，破坏地球电离层的结构，使其丧失反射无线电波的能力，造成无线电通信中断；不仅如此，它还能影响大气臭氧层的化学变化，并逐层往下传递，直到地球表面，使地球的气候发生反常的变化，甚至还会影响地壳，引起火山爆发和地震。

例如，1959 年 7 月 15 日，人们观测到太阳突然喷发出一股巨大的火焰。7 月 21 日，当这股猛烈的太阳风暴吹袭到地球近空时，竟使地球的自转周期突然减慢了 0.85 毫秒，而这一天，全球也发生多起地震。与此同时，地磁场也发生被称为磁暴的激烈扰动，全球通信突然中断，使一些靠指南针和无线电导航的飞机、船只一下子变成了"瞎子"和"聋子"……太阳风暴对地球的影响，还只是乘虚而入的"漏网之鱼"所为，由此可见在没有地磁场保护的行星际空间，太阳风暴的威力有多大了。

四、"2012 世界末日"的真相

也许你并不觉得太阳活动与我们的生活有什么联系，但实际上太阳活动对人类活动有着非常重要的影响。

前面讲到，当太阳发生大规模爆发性活动，喷射出的高能带电粒子掠过地球时，会使地磁场发生变化，引起地磁暴、电离层暴，并影响通信，特别是短波通信；在地面的电力网、管道和其他大型结构中产生电流，影响输电、输油、输气管线系统的安全（图 5-1）；对运行于太空的卫星也会产生多种辐射影响，威胁卫星安全；对人体产生过量辐射，使人体免疫力下降，也会使人情绪波动，甚至导致车祸等事件增多；使地球大气密度增加，气温升高，两极产生极光等。

历史上的几次强太阳风暴事件都造成了重大影响。

1989 年 3 月 6～19 日，太阳风暴袭击地球。其间引发强烈的地磁暴，导致加拿大魁北克省电网主要线路的一个变压器因感应电流过大而被烧毁，整个电网在 90 秒内全部瘫痪，造成该地区 600 万居民停电达 9 小时之久，直接经济损失约 5 亿美元；其他地区的电力系统也受到不同程度的破坏，如美国新泽西州塞勒姆（Salem）核电站和日本东京电力公司的变压器被烧毁，瑞典多条输电线路跳闸。太阳风暴导致地球高轨道高能粒子通量和低轨道大气密度的增加，以及地磁场剧烈变化，导致许多卫星遭受不同程度影响：3 月 13 日，美国地球静止轨道环境业务卫星（Geostationary Operational Environment Satellite，GOES）中的 GOES-7 卫星的太阳能电池损失了一半的能源，致使寿命缩短了一半；3 月 17 日，日本通信卫星 CS-3B 发生异常，指令电路损坏；美国太阳峰年卫星（Solar

图 5-1　太阳风暴影响电网安全

Maximum Mission，SMM）轨道下降了约 5 千米，导致卫星提前陨落。此次太阳风暴还造成全球低纬度地区的无线电通信几乎完全失效，轮船、飞机的导航系统失灵；大气密度增加造成大量飞行物轨道改变，数千军事跟踪目标需要重新定位；地磁暴产生的感应电流导致澳大利亚输油管道受损，太平洋和大西洋海底电缆出现高压脉冲。

1989 年 9 月太阳风暴期间，由于高能粒子轰击视网膜引起的闪光，美国"亚特兰蒂斯号"航天飞机上的航天员眼睛受到严重刺激，不得不从舱外返回舱内；同时，在巴黎与华盛顿之间飞行的协和式超音速飞机上的辐射监测值第一次超过了预警水平，飞机上的人员受到的辐射剂量比平时增加了 6 倍，相当于进行一次胸部 X 光检查所受的辐射。1989 年 8～10 月，美国 GOES-7、GOES-8 和 GOES-9 卫星的太阳能电池性能加速退化，苏联"宇宙"（Kosmos）系列卫星共有 69 颗出现异常。

1994 年 1 月 20 日和 21 日，加拿大两颗兄弟通信卫星 Anik-E1 和 Anik-E2 发生故障。

1997 年 1 月 6～11 日，太阳风暴导致美国电话电报公司（American Telephone & Telegraph Company，AT&T）的一颗地球同步轨道通信卫星 Telstar-401 失效，该卫星价值 2 亿美元，设计寿命 12 年，却仅仅服役了 3 年。

1998 年 5 月 19 日，美国"银河 4 号"（Galaxy-4）通信卫星失效。

2000 年 7 月 14 日法国国庆日，爆发了被称为"巴士底日事件"的太阳风暴，美国地球静止轨道环境业务卫星、"先进成分"探测器（Advance Composition Explorer，ACE）、太阳和日球层观测台（Solar and Heliospheric Observatory，SOHO）、"太阳风"卫星（WIND）等重要科学研究卫星受到严重损害，日本的宇宙和天体物理高新卫星（Advanced Satellite for Cosmology and Astrophysics，ASCA，日语中意为"飞鸟"）姿态失控导致卫星报废，日本"黎明"（AKEBONO）极光观测卫星控制系统失灵。

2003 年 10 月底至 11 月初，西方万圣节前后，太阳爆发了被称为"万圣节太阳风暴"的活动事件，这次事件造成全世界约半数卫星发生异常。欧美的 GOES、ACE、SOHO、WIND 等重要科学研究卫星数据丢失或损坏；NASA 的"火星奥德赛号"（Odyssey）探测器在执行任务时自动切换到安全模式；欧洲的"尖端技术研究小型任务"（SMART-1）月球探测器在月球转移轨道上遭受较高的辐射剂量，导致系统自动关机；德国的"挑战性小卫星有效载荷"（Challenging Minisatellite Payload，CHAMP）卫星出现短时失效；日本的"先进地球观测－Ⅱ"卫星（Advanced Earth Observation Satellite-Ⅱ，ADEOS-Ⅱ）完全失效；我国"神舟五号"留轨舱轨道高度明显降低。全球范围内的通信、导航、航空、电力都受到不同程度的影响，海事紧急呼叫系统瘫痪，珠穆朗玛峰探险队通信中断，全球定位系统（global positioning system，GPS）精度降低，瑞典 5 万居民电力中断⋯⋯此次强烈的太阳风暴在历史上非常罕见。

2006 年 12 月 13 日，太阳风暴对我国短波无线电通信造成严重影响，广州、海南、重庆通信中断达 3 小时之后恢复正常；卫星也受此影响，故障频繁，如"风云一号"气象卫星、"亚太 2 号"通信卫星等。

2012 年 3 月，爆发了一次强烈的太阳风暴，起源于太阳表面最大的编号为 11429 的黑子群，面积比地球的表面积还大得多，长 10 万千米、宽 5 万千米。11429 黑子群在 7 日喷发了 11 次耀斑，随后频率开始下降。

延伸阅读

巴士底日事件

2000 年 7 月 14 日，发生了一次超强太阳风暴，引发了强烈的地磁暴，大部分卫星通信中断，北极光甚至从北极地区扩展到美国南部佛罗里达州。这一天恰逢是法国国庆日，因此这次事件被称为"巴士底日事件"。

其中一个 X5.4 级耀斑威力逐渐显现，喷发的高能质子经过 30 多个小时的遨游，于 8 日晚 8 点左右抵达地球。随后引发的日冕物质抛射（coronal mass ejection，CME）速度达到 2200 千米 / 秒，但由于其喷发方向未直接朝向地球，并没有引发大型地磁暴，对地球影响不大。

2012 年，随着好莱坞电影《2012》的全球上映，关于"2012 世界末日"的谣言逐渐流行起来。国内也出现了"在 2012 年 9 月 22 日会发生超大规模的太阳爆发活动，甚至会对人类社会造成灾难性的后果"等说法，为此，相关部门专门调查了此事，并对"2012 世界末日"这种说法进行了澄清。

根据调查，这种说法最早来源于 2008 年 12 月，当时网络上出现了一种谣言，大意是 NASA 宣布地球磁层出现一个大洞，比地球宽 4 倍且还在扩大中，外层空间射向地球的各种有害粒子将直接冲击自然万物，类似事件在过去已经发生过几次，而即将来临的下一次太阳风暴，科学家已经准确预测，时间就在 2012 年 9 月 22 日。2009 年 3 月 23 日，英国"新科学家"网站刊登了一篇文章，该文章虚构了发生于 2012 年 9 月 22 日的超级太阳风暴，并对造成的后果进行了较为夸张的想象，但作者的本意并非为了强调此次事件是否真的发生，而是为了说明空间天气事件可能对未来人类社会和生活造成严重的影响，为此作者还引用了来自美国科学院于 2009 年年初发布的报告《严重的空间天气事件——了解其对社会与经济的影响》（*Severe Space Weather Events—Understanding Societal and Economic Impacts*）来表达空间天气事件可能造成经济和社会损失的观点。

很多人认为古老的玛雅历法也曾有类似"世界末日"的预言，实际上关于玛雅预言中 2012 年 12 月 21 日是"世界末日"的说法（图 5-2）是以讹传讹。那一天是玛雅历法中重新计时的"零天"，表示一个轮回结束，一个新的时代开始，而非指世界末日。随着"2012 世界末日"谣言的流传，好莱坞的制片商发现了商机，拍摄制作了电影《2012》《末日预言》，

图 5-2 关于玛雅预言中"世界末日"的传言

均模拟"世界末日"天灾袭击地球的恐怖景象。无独有偶，有科学家发出警告，认为可能出现的"末日景象"并非发生在 2012 年，而是 2013 年。这位科学家指出，太阳活动将在 2013 年左右从沉睡的平静期苏醒，届时将发生大规模日冕喷发现象，巨大的耀斑威力相当于 100 亿枚氢弹爆炸，瞬间撞击地球磁层。恐怖的太阳风暴影响超乎想象，在活跃高峰期间，黑子导致剧烈爆发活动，触发太阳风暴，释放大量带电粒子，可能让地球陷入一片黑暗，不但电力无法供给，臭氧层被破坏，电子通信还可能全部停摆，如医院、银行、机场都无法运作，更不用说个人使用的手机、计算机和卫星定位系统了。

然而，目前的科学认知水平还不能够对太阳活动的长期趋势进行比较准确的预报，更不用说对未来数年的爆发性事件具体时间的预测了。另外，太阳黑子的观测数据显示，2012 年前后的太阳正处于百年以来超常的平静期，种种迹象显示第 24 太阳活动周（开始于 2008 年 11 月，于 2019 年 12 月结束）的太阳活动整体水平偏低，且太阳活动峰年的时间也比预计的 2012 年晚一些，在 2013～2014 年。

如今，事实也表明，那些危言耸听的预测并未成真，2012～2013 年太阳并未像少数人预言的那样发生灾难性的爆发事件，一切都安然无恙。NASA 也曾专门声明，告知公众不要盲目恐慌。因此，所谓"在 2012 年 9 月 22 日会发生超大规模的太阳爆发活动，甚至会对人类社会造成灾难性的后果"的说法显然是不科学的。

相关天文专家指出，太阳黑子活动以 11 年为一个周期，地球在 1859 年就曾经历强烈的太阳风暴袭击，不过，当时电力、通信不发达，因而未造成重大灾情。

伴随人们对电子、电信设备越来越依赖，太阳风暴对人们的干扰也逐渐凸现。GPS、电话通信因太阳风暴的来袭，难免"短路"，要途经北极、南极的国际航班不得不绕道或者延误。

由于担心太阳风暴对地球带来严重影响，科学家开始密切监测太阳，同时打算在太阳风暴较频繁的时期，及早将人造卫星切换到安全模式，以便减少损害。实际上，科学家早在几十年前就不断追求提升空间天气预报技术的准确性，希望能避开太阳风暴的威胁。

　　并不是每一次太阳活动都会对地球造成影响，爆发方向是否正对地球、太阳风暴到达地球时所剩能量多少等都是参考因素。太阳风暴会对大气层外的卫星等宇航设备造成破坏，对地球的影响主要表现在通信和电力等方面。

　　在我国，还没有太阳风暴造成电力中断的事件发生，之前造成电力中断的情况只发生在地球的高纬度地区。但是随着我国能源分布特点的改变，特别是"西电东送"和中俄原油管道的铺设，太阳风暴爆发后可能会对输变电系统造成影响或锈蚀输油管道。

　　对于太阳风暴我们也不必过分担心，因为太阳风暴不会对普通人造成直接人身伤害或重大财产损失，即使有太阳风暴发生，我们也可以采取措施应对，如远距离的输变电系统可以通过降低电压等方式来避免影响。

第六章

坐地观天

也许从第一个人抬头仰望星空时起，人类便已经在探索宇宙的道路上迈开了步伐。如今，人类探索太空的手段发生了天翻地覆的变化：从最开始仅能凭借自己的肉眼观察日月星辰，到后来通过天文望远镜追寻各类天体，再到发射探测器近距离探访天体；从仅能看到星星的光芒，到现代可以利用可见光、红外线、X射线/伽马射线甚至引力波等多种手段观测太空；从古人面对神秘莫测的"斗转星移"只能望空兴叹，到现在凭借坚实的科学理论追寻宇宙的起源，描绘宇宙的现在，推演宇宙的未来。

在人类的技术强大到可以抵达宇宙各处之前，通过各式各样的天文望远镜观测宇宙是了解宇宙最重要的手段，本章将带您回顾天文望远镜的历史，了解人类观测太空手段的演化。

一、"裸观"时代

早在天文望远镜发明之前，聪明的古人就开始凭借自己的眼睛探索星空。但那个时候只能靠裸眼去观测，没有任何光学设备和工具辅助，我们不妨将这个时期称为"裸观"时代。神秘莫测的星空给人类无限的想象，古人相信，星辰的轨迹与人类的命运有着莫大的关系。去除迷信的成分，浩瀚的星空确实对人类社会有着深远的影响，帮助古人识别方向和制定历法。

（一）观星辨方向——星空与导航

地球已经存在了46亿年，在这漫长的时光中，人类并非第一个仰望星空的物种，不少聪明的生物已经发现了星空的存在，并利用星星的光芒为自己指引前进的道路。许多昆虫通过日光、月光或星光等来确定自己的方向，如我们所熟知的"飞蛾扑火"现象。月亮、星星距离地球很远，其光线可以看作平行光，飞蛾只需要保证自己的飞行方向与星星呈一个固定的角度，就可以确保自己沿直线前进。而飞蛾将灯火误认为星星，悲剧就发生了。灯火属于点光源，保持与点光源固定角度飞行时，会飞出一条螺旋线[①]，直到撞上火焰（图 6-1）。

昆虫利用星星或月亮指引自己前进的方向是一种铭刻在基因中的本能，而聪明的人类也学会了利用星星来确定方向。在观察记录星星纷繁复杂的轨迹时，人们发现了一颗几乎不会移动的星星——北极星。原来除了行星外，恒星在星空上位置的移动主要是由地球自转引起的，对于地面上的观察者而言，恒星的运动实际上是绕地轴的旋转，通过延时摄影可以拍下星星在天空的轨迹。但地轴所指向的恒星，在地面观察者看来是不会移动的。对于生活在北半球的人而言，这颗位于北方且位置永远不变的恒星就是北极星。

数千年前，古人就发现了北极星位置不变的特点，并利用北极星判断方向，特别是在早期航海中，北极星发挥了特别重要的作用，早在 3500 年前，在地中海航行的人白天通过看太阳，晚上通过看北极星，来判定行船的方向。如果遇到阴雨天，看不到北极星，也看不到太阳怎么办？只好靠岸休息了。对古人而言，指南针还没有发明，陀螺仪更是遥不可及，失去太阳与星星的指引，在茫茫大海中寸步难行。

星星不仅可以为人类指明方向，还可以帮助人们判定纬度，古人称为"牵星术"，其原理十分简单：北极星位于地球自转轴方向，北半球不

---

① 在数学上称为等角螺线或对数螺线，由勒内·笛卡儿（René Descartes）发现，雅各布·伯努利（Jakob Bernoulli）对其性质进行了详细研究。

图 6-1 "飞蛾扑火"的原理

同地区的人所看到的北极星仰角①是不一样的。在北半球，北极星仰角等于该地区的纬度，只要简单测得北极星的仰角，也就知道了观测者所在的纬度。

直到今天，在航海活动中，观星测纬度仍占据着一席之地。今天船只上使用的仪器是六分仪，其设计精巧，在海上颠簸的环境下也能够准确测量出恒星的仰角。尽管现在有了指南针、陀螺仪、无线电导航及卫星定位等技术，但是六分仪仍然在航海、航空领域保留了下来，帮助船只、飞机确定方向与位置。

延伸阅读

如何在星空中寻找北极星

晴朗的夜晚，可以在夜空中找到形状如同勺子的北斗七星，顺着勺头两颗星星的延长线方向就可以找到北极星了（图6-2）。

1. 变化的北极星

地球自转轴方向存在着缓慢的摆动，因此其指向的恒星是变化的。今天的北极星与古代的北极星并不是同一颗恒星：隋唐时期，北极五（鹿豹座32H星）是当时的北极星；而在明清时期，北极星变成了勾陈一（小熊座α星）；到公元4000年，仙王座γ星将获得北极星的称号。

2. 是否有南极星

地轴向北方向是北极星，按道理，地轴向南将指向南极星，但为何我们很少听说南极星呢？这是因为大多数人居住在北半球，在北半球是无法看到南极星的，同理在南半球也无法看到北极星。南极座σ星是最符合条件的南极星，然而其亮度只有小熊座α星（现在的北极星）的1/20，人类凭借肉眼只能勉强观察到，在导航与定位中并没有实用价值，因此也就没有得到南极星的称号。

---

① 即北极星与地面的夹角。

图 6-2　北极星指引方向

人类走出地球、遨游太空时，确定方位仍然是一个永恒的难题。在太空飞行过程中，如何确定方向与位置呢？在地面上，我们可能分不清东南西北，但至少知道上下，然而在太空中，完全失重，上下也没有了绝对的意义，方向的确定更为复杂。

幸运的是，太空中没有云与雾，没有地形遮挡，太阳与恒星是最可靠、最易用的"灯塔"。在目前的航天器中，都会装有恒星敏感器或太阳敏感器，其功能是识别星空中特定的恒星或太阳，然后依据恒星或太阳所在位置判定方向，进而帮助航天器确定自己的姿态。

目前地面上我们定位用得最多的是卫星定位系统，如美国的 GPS 与我国的北斗卫星导航系统（BeiDou Navigation Satellite System，BDS），实际上，宇宙还存在着一些天然的"灯塔"——脉冲星。脉冲星是高速自转的中子星，具有极稳定的周期性，其稳定度优于 10^{-19}，被誉为"自然界最精准"的天文时钟。利用装在航天器上的 X 射线探测器，测量不同脉冲星发射出的 X 射线脉冲之间的时间差异，可以最终解算出自己的位置。

脉冲星导航在未来航天中拥有广阔的前景，其适用范围广、精度高。2016 年 11 月 10 日，我国发射了脉冲星导航试验卫星（XPNAV-1），开展了人类首次脉冲星导航技术空间验证试验。或许在不远的将来，人类将利用恒星与脉冲星为自己在星辰大海中指示方位。

（二）观星知月日——星空与历法

星空除了可以指示方向，也是历法的来源。历法的修订、时间的发布都是由天文台进行的，那么星空与历法又有什么关系呢？

伴随着文明的开端，人类就已经在观测天体、记录天象。古人很早就注意到日月星辰位置的变化与季节更替、河流泛滥之间的关系。对于早期的文明，天体运行规律的研究与知识的积累更多源于远古时代农业生产的需要。根据天文规律制定历法、记录时间、指导农业生产，是一个文明社会的头等大事，仅凭简单的物候观察只能划分四季，无法制定历法来指导农业生产。

月有阴晴圆缺，月相变化是天然的月份牌，以月相变化和朔望月为基础的历法称为阴历。古埃及人就结合月相变化与天狼星的回归制定了太阴历，规定月首始于新月，每月29天或30天，每天都有各自的名称，其中部分与月相有关；每年由12个月或13个月组成。除埃及外，许多国家同样选择了月相一个变化周期作为月份，并制定自己的历法。

除了用于记录日期外，历法最重要的功能是指导农业生产。然而阴历的年长并不恒定，每年相同日期下地球在绕太阳公转轨道上的位置并不相同，反映到农业生产中，农民并不能简单地根据阴历的日期来确定播种时机，因此阴历在使用上有不方便之处。

与阴历类似，以地球绕太阳公转的运动周期为基础而制定的历法称为阳历，或称太阳历。古埃及人发现，天狼星第一次和太阳同时升起的那一天之后，再过五六十天尼罗河就开始泛滥，于是他们把两次天狼星和太阳同时升起的现象间隔的时间定为一年，并进一步制定太阳历：一年共12个月，每月30天，岁末增加5天，共计365天。这是人类历史上的第一部太阳历。但它同回归年（地球围绕太阳公转一周的时间）相比有1/4天的误差，每过120多年将有一个月的出入，如此累进1400多年以后方可周而复始。古埃及人已经知道这项历法的不足，但因行之已久难以纠正，只好由官方做些临时调整。公元前46年，古罗马以埃及历法为基础，制定儒略历；到16世纪又经改革，产生格里高利历（简称格里历），这便是今天世界上大多数国家通用的公历的由来。

中国则采用了二十四节气的方式来指导农业生产，远在春秋时代，就定出仲春、仲夏、仲秋和仲冬四个节气。公元前104年，由邓平等制定的太初历，正式把二十四节气定于历法，明确了二十四节气的天文位置。二十四节气是根据地球在黄道（即地球绕太阳公转的轨道）上的位置来划分的。从春分点（黄经零度，此刻太阳垂直照射赤道）出发，每前进 15 度为一个节气；运行一周又回到春分点，为一回归年，合 360 度，因此分为 24 个节气。

我们知道，一个回归年实际上共有 365 天 5 小时 48 分 46 秒，如果每年按 365 天计，那么每四年就相差将近 24 小时。公历通过"四年一闰"的办法解决了这一点，那么我国古人是如何在二十四节气中解决这个问题的呢？实际上，节气并非我们通常理解的一天，而是一个时间点，以春分为例，春分是地球运行通过黄经零度的时刻。我国古人设定每两年之间的春分相差 365 天零 3 个时辰（古代 1 个时辰相当于现在的两个小时），相当精确地反映了地球公转周期。

中国的农历取月相的变化周期，即朔望月为月的长度，加入二十四节气成分，同时参考太阳回归周期为年的长度，通过设置闰月以使平均历年与太阳回归年相适应，属于一种阴阳合历。

历法的制定离不开精确的天文观测，尽管古代还没有天文望远镜，但是古人凭着有限的工具及灿烂的星空就已经制定出相当精确的历法。

四季变化效应是地球绕太阳公转运动形成的，那么，太阳系绕着银河系中心运动是否也有类似的季节效应？许多学者认为是有的。当太阳运行到星际物质密度较大的地段（银河系的悬臂）时，太阳光度减小，形成小冰期；而当太阳运行到近银点[①]区段时，太阳光度最小，对应地球史前的大冰期。目前人类文明的历史还太短，"朝菌不知晦朔，蟪蛄不知春秋"[②]，也许很久之后，我们的历法也会考虑到太阳系在银河中的运动，"以八千岁为春，八千岁为秋"[③]。

---

① 近银点指太阳系在绕银河系的银心运动过程中距离银心最近时的位置。
② 出自《庄子·逍遥游》。
③ 出自《庄子·逍遥游》。

二、人类的"千里眼"

（一）伽利略与望远镜

1608 年，荷兰一个眼镜作坊里的学徒在玩耍时发现，当他用一前一后两块镜片观察物体时，会看到远处的物体离自己很近，受此启发，他发明了望远镜。聪明的老板很快意识到这项发明的重要性，并把这项发明献给了政府。在望远镜的帮助下，弱小的荷兰海军战胜了强大的西班牙舰队，使荷兰人获得了独立。为了防止其他国家得到这项发明，荷兰人进行了严密的技术封锁，但一位天才的意大利天文学家、物理学家和工程师伽利略·伽利雷（Galileo Galilei）让荷兰人的封锁成为徒劳。

1609 年 5 月，正在威尼斯帕多瓦大学执教的伽利略偶然得知荷兰有人发明了一种能看清远处事物的镜子，也许是意识到望远镜对于探索星空的价值，伽利略一头钻进了实验室研究起了望远镜。

三个月后，伽利略亲手制作出一台口径为 4.2 厘米、长约 1.2 米的望远镜。伽利略的这台望远镜结构并不复杂，由一个凸透镜、一个凹透镜及一个镜筒组成；凸透镜作为物镜，使用时将其对准被观察的物体，凹透镜作为目镜，使用时将其贴近眼睛。此后，这种类型的望远镜被称为伽利略望远镜，其放大倍数等于物镜焦距（β）与目镜焦距（α）之比。伽利略望远镜的优点是镜筒较短，可以成正立的像；缺点是视野范围小。

严格来说，伽利略并非望远镜的最早发明者，但他是第一个使用望远镜观测星空的人（图 6-3）。当伽利略用这架望远镜指向天空时，也许他自己并没有意识到这一刻在人类历史上的重要性，一个新时代就这样开始了——在这个时代之前，人类仅能通过肉眼直接观察天体，在这个时代之后，人类有了"千里眼"。从此以后，人类对天空、对世界的认识有了突破性进展，天文望远镜的发明使人类观察到很多新的天文现象，这些天文

图 6-3 伽利略用天文望远镜进行天文观测

现象有力地支持了日心说，动摇了宗教统治的世界，为现代科学的建立打下了坚实的基础，套用当时盛行的一句话——"哥伦布发现了新大陆，伽利略发现了新宇宙"。

伽利略首先用它观察了月球，在人们眼中的那个皎洁而美丽的玉盘，在望远镜里显现出了真实面目：坑坑洼洼，千疮百孔。这样"丑陋"的样貌很难让人相信月球是上帝的造物，显然月球和地球一样，是一个表面起伏不平的世界。伽利略把那些四周边缘高耸突出的圆环命名为环形山，而平坦的暗黑区域命名为海，这样的命名也被后人广泛接受并沿用。

接着，伽利略又将视线移向了灿烂的星空，尽管在望远镜里"星星还是那颗星星"，但明显变得更加明亮了，而且出现了众多原先用肉眼无法看到的小星星，由此他也成为世界上最早揭示漫漫银河奥秘的人——"银河"是无数星辉交映而成的星河。

随后，伽利略的目光又投向了行星，他看到了木星那淡黄色的小小圆面，这说明行星确实比恒星近得多。同时他又发现木星旁边始终有 4 个更小的光点，它们几乎排成一条直线，连续几个月的追踪使伽利略确信，像月亮绕地球那样，它们都在绕木星转动，应当是木星的卫星，这说明不是所有天体都在围绕地球转动。

为了纪念伽利略的这个发现，后人把这 4 颗木星的卫星称为伽利略卫星。除了木卫二略小于月球外，其他 3 颗都比月球还大，当年对伽利略进行野蛮审讯的教皇后来发出"只要木星的光芒还在天空中闪耀，人们就不会忘记伽利略"的哀叹，成为对伽利略最好的评价。

1610 年 8 月，伽利略对金星的兴趣大增，因为他通过望远镜看到金星呈弯月般形状，为了一探究竟，伽利略做了进一步的研究，但他又怕被别人抢先发表出来，于是他把观测结果排列成一组字谜公开（当时这也是一种保护发明权的流行做法）。

Haec immatura a me iam frustra leguntur O Y，这句话直译的意思是"这

些不成熟的东西对我来说是无用的收获"。这35个字母组成的古怪句子究竟意味着什么？伽利略到底收获了什么？局外人是很难从中猜出端倪的。直到1610年12月，伽利略才公布了他的谜底：Cynthiae figuras aemulatur mater amorum（"爱神的母亲仿效狄安娜的位相"）。在希腊神话中，爱神的母亲正是维纳斯，也就是金星，而狄安娜正是月神的罗马名。为什么金星会如月球那样有位相变化？这只能说明金星不是在绕地球运动，而是在绕太阳运转，而且距太阳比地球更近才能解释这一奇怪的天象。

此外，伽利略还发现了太阳表面上的黑子，证明太阳本身在自转着。

天文望远镜的发明，帮助人类扩展了对宇宙的认识，促使近代天文学的诞生和发展，对于伽利略而言，"天空的哥伦布"这个称号实至名归。

距离伽利略将望远镜对准太空已经过去400余年，现代天文望远镜已经发生天翻地覆的变化，望远镜的口径越来越大，分辨能力越来越强，观测方式也发生了改变，不再单纯依靠人眼目视观测，而是利用镜头进行拍照，有的望远镜甚至没有目镜。

那么，为什么现代天文望远镜的口径越来越大呢？理论上，天文望远镜的分辨能力存在一个上限，由于光的衍射效应，无论望远镜设计得如何精巧，都无法突破这个上限。望远镜分辨率的上限由光的波长与望远镜的口径决定，望远镜的口径越大，分辨率的上限也就越高。为了看清楚天空遥远光点的细节，人们只能不断将天文望远镜的口径做大。同时，随着望远镜口径的增大，望远镜的集光能力越强，越有助于人们看清楚昏暗的天体。

但是，天文望远镜的口径并不能无限制地增加，随着望远镜口径的增加，一系列的技术难题接踵而来，如海尔望远镜的口径为5米，镜头自重达到了14.5吨，整个望远镜可动部分的重量超过了500吨，整体重量高达800吨。

随着望远镜口径的增加，过大的自重除了给望远镜的移动带来困难之外，自重还会使镜头发生变形，严重影响望远镜的成像效果。同时镜体温度不均也令镜面产生畸变，进而影响成像质量。从制造方面来看，用传统方法制造望远镜的费用几乎与口径的平方甚至立方呈正比增长，所以制造更大口径的望远镜必须另辟蹊径。

目前人类所制造的最大光学天文望远镜口径在 10 米左右，世界上最大的反射式光学望远镜是加那利大型望远镜（Gran Telescopio Canarias，GranTeCan 或 GTC），位于西班牙拉帕尔马岛上，口径达 10.4 米。加那利大型望远镜的分辨能力极强，可以在大约 20 000 千米远的距离分辨出汽车前灯。

加那利大型望远镜的镜片精度惊人，其抛光误差不超过 15 纳米，如果把加那利大型望远镜的镜片看作地球，相当于地球上的山脉起伏仅有数厘米。

其他口径达到 10 米的天文望远镜还包括以下望远镜。

霍比-埃伯利望远镜（Hobby-Eberly telescope，HET），口径为 10 米，比加那利大型望远镜略小，但是其许多性能优于加那利大型望远镜。该望远镜已成功应用于测量其他恒星的行星速度，径向精度可达每秒 1 米；该望远镜还成功观测到 Ia 型超新星，并测量到宇宙在膨胀；该望远镜还能探测类地行星的光谱，为人类寻找宜居的行星。

凯克望远镜（Keck telescope），包括凯克 I 和凯克 II 两台望远镜，口径均为 10 米，分别在 1991 年和 1996 年建成，这两台完全相同的望远镜均放置在夏威夷的莫纳克亚，将它们放在一起是为了进行干涉观测。像凯克这样的大望远镜，可以帮助我们沿着时间的长河逆流而上，追溯宇宙的起源，探寻宇宙最初诞生的样子。

甚大望远镜（Very Large Telescope，VLT）是欧洲南方天文台（European Southern Observatory，ESO）自 1986 年开始研制的，其由 4 台相同的 8.2 米口径望远镜组成。这 4 台望远镜排列在一条直线上，组成一个干涉阵，做两两干涉观测，可等效于一台口径为 16 米的光学望远镜。

正在建设中的欧洲极大望远镜（The European Extremely Large Telescope，E-ELT）主镜的直径达 39 米，由近 800 个六角形小镜片拼接而成，将于 2023 年前后建成并投入使用，届时将成为世界上最大的光学望远镜。

我国目前最大的光学天文望远镜是郭守敬望远镜，其有一个更加复杂的名字——大天区面积多目标光纤光谱天文望远镜（Large Sky Area Multi-object Fiber Spectroscopy Telescope，LAMOST），其口径为 2.16 米，虽然口径不算大，但是其有 5 度的视场角，成为大口径兼大视场光学望远镜的世界之最。郭守敬望远镜在一次曝光中最多能够获取 4000 个天体的光谱，是世界上光谱获取效率最高的望远镜。郭守敬望远镜位于河北兴隆天文观测台，距离北京大约两个小时的车程。

（二）哈勃空间望远镜

地面的观测已经不能满足高精度天文观测的需求，大气扰动、散射对高精度天文观测的影响不可忽视，是时候把望远镜架到太空中去了。

哈勃空间望远镜（Hubble Space Telescope，HST）是天文史上最重要的仪器之一，设计和建造过程耗资超过 15 亿美元。1990 年，"发现者号"航天飞机将重 12.5 吨、口径 2.4 米的巨型望远镜送到地球轨道上，由于没有大气扰动的影响，理论上其观测能力超出地面上同等口径光学望远镜 10 倍。它成功弥补了地面观测的不足，帮助天文学家解决了天文学上的许多基本问题，使人类对天文物理有了更多的认识。此外，哈勃空间望远镜的超深空视场是天文学家目前能获得的最深入、最敏锐的太空光学影像。

像许多伟大的项目一样，哈勃空间望远镜的诞生也经历了极为曲折的过程。哈勃空间望远镜升空之后，科学家发现，其传回的图像并没有预期那样清晰。最初，工程师认为哈勃空间望远镜还处于调试期，焦距没有完全对好。然而，经过多次镜面微调后，仍然没有得到预期清晰度的图像。

经过全面的技术排查之后，令人最不愿意看到的情况发生了——哈勃空间望远镜最核心的部件——2.4 米直径的主镜面出现了大约 2 微米的误差，是一个不折不扣的"次品"。

主镜的制造商是分析仪器领域大名鼎鼎的珀金埃尔默（Perkin-Elmer）公司，该公司拥有丰富的经验，拥有完善先进的制造和测试设备，因此 NASA 在镜面磨制期间并未过多干预。而一切失误仅仅起源于一块油漆的脱落——用于测试镜面曲率的检测仪内部有一小块油漆掉落，导致检测仪出现大约 1 毫米的高低偏差，最终导致哈勃空间望远镜镜片曲率出现了大约 2 微米的误差。急于赶发射进度的 NASA 也并未进行充分的测试，就将这块带有 2 微米误差的主镜送入了太空。

2 微米仅仅相当于头发丝直径的 2%，然而这对于一台大型天文望远镜而言可是灾难性的偏差，尽管哈勃空间望远镜主镜设有补偿系统，然而"2 微米之巨"的误差远远超过了补偿系统的能力，如果不解决这个问题，哈勃空间望远镜将成为一堆重达 12.5 吨、造价高达 15 亿美元的太空垃圾。一夜之间，NASA 成了美国各大媒体嘲笑的对象，一位 NASA 的科学家当时甚至绝望地写下"我们完了"。

问题已经出现，接下来最重要的是如何解决这个问题，对于优秀的工程师而言，要在投入尽量少的情况下圆满地解决问题。直接更换主镜片或重新发射一台新的天文望远镜这种高成本方案被排除之后，工程师提出了一个大胆的方案——给哈勃空间望远镜戴上一副"眼镜"。

哈勃空间望远镜获得的图像是由一台叫作广角行星相机 1 号（Wide Field and Planetary Camera 1，WFPC 1）的设备拍摄的，尽管主镜有一定的偏差，但如果在广角行星相机 1 号之前将其校正，就能得到清晰的图像。最终，工程师决定不更改已经上天的镜片，而是在相机的前方添加一个修正镜，抵消来自主镜面的光线误差，就像给眼睛近视的人戴上一副"眼镜"。

1993 年，航天员乘坐"奋进号"航天飞机飞抵哈勃空间望远镜周围，经过数次作业，航天员成功拆下广角行星相机 1 号，更换为自带内部修正的广角行星相机 2 号（WFPC 2），并为哈勃空间望远镜戴上了"眼镜"——空间望远镜光轴补偿校正光学（Corrective Optics Space Telescope Axial Replacement，COSTAR）系统。从此以后，哈勃空间望远镜观测到了丰富多彩的宇宙世界（图 6-4）。

1990～2015 年，哈勃空间望远镜在地球轨道上运行了近 13.7 万圈，累计 54 亿千米，执行了 120 多万次观测任务，观察了 38 000 多个天体，平均每月都会产生 829GB 观测数据，累计已超过 100TB。在哈勃空间望远镜观测到的目标中，最远的是距地球 130 亿光年的原始星系，这些星系发出的光芒来自大爆炸后刚刚形成的宇宙早期。哈勃空间望远镜证明了大质量黑洞在宇宙中普遍存在，帮助天文学家观测到了宇宙膨胀的精确数据，引出了"暗能量"的概念，促成了数项问鼎诺贝尔奖的研究成果。

如今，哈勃空间望远镜已"垂垂老矣"，它的重任将交由它的继任者——詹姆斯·韦伯空间望远镜（James Webb Space Telescope，JWST）来完成。被寄予厚望的詹姆斯·韦伯空间望远镜，在设计时强化了红外波段的观测能力，这将让它能够更好地看清宇宙中更遥远、更暗淡的天体。相对于哈勃空间望远镜，詹姆斯·韦伯空间望远镜能够进一步逼近大爆炸后年轻宇宙的图景，科学家估计它可以看到距离 200 亿光年远的原始星系。2019 年 8 月，NASA 宣布，造价 97 亿美元的詹姆斯·韦伯空间望远镜完成 100% 组装，并将于 2021 年 3 月发射升空。也许未来我们将看到哈勃空间望远镜和詹姆斯·韦伯空间望远镜同时在太空运行的景象，它们将为我们揭示更多关于宇宙的秘密。

（三）更先进的观天手段

可见光是波长在 400～700 纳米的电磁波，自然界中电磁波辐射源相当丰富，电磁波包括伽马射线、X 射线、紫外线、可见光、红外线和微波

图 6-4　航天员对哈勃空间望远镜进行维修

等谱段（图6-5）。除各种电磁波之外，空间高能粒子、中微子、引力波等均可反映太空发生的事件，而其探测器也正是更为广义上的天文望远镜。

1. 射电望远镜

电磁波谱非常宽泛，然而容易透过大气层的只有可见光与波长在40毫米至30米的射电波，因此，地面射电天文台也是天文观测的重要部分。

射电望远镜最显著的标志是巨大的天线，天线对射电望远镜来说，就好比是眼睛，它的作用相当于光学望远镜中的物镜。它负责把微弱的宇宙无线电信号收集起来，然后通过一根特制的管子（波导）把收集到的信号传送到接收机中放大。接收系统的工作原理和普通收音机差不多，但它具有极高的灵敏度和稳定性。接收系统将信号放大，从噪声中分离出有用的信号，并传给后端的计算机记录下来。记录的结果为许多弯曲的线条，天文学家通过分析这些弯曲的线条，得到天体传来的各种有关宇宙的信息。

20世纪30年代早期，美国贝尔电话公司（American Bell Telephone Company，美国电话电报公司前身）的一位工程师卡尔·古特·央斯基（Karl Guthe Jansky），在使用巨大的定向天线研究越洋无线电话声音在短波上受到的静电干扰时注意到，纸带记录器记下的类比信号夹杂着来源不明但会一直重复的信号。通过观测并与光学天文的星图比对，央斯基认为辐射来自银河，并且朝向中心星座——人马座方向最强。射电天文学的序幕由此拉开。而60年代天文学的四大发现——脉冲星、类星体、宇宙微波背景辐射、星际有机分子，都与射电望远镜有关。

20世纪50～60年代，随着射电技术的发展和提高，人们成功研制了射电干涉仪、甚长基线干涉仪、合成孔径望远镜等新型的射电望远镜。自80年代以来，欧洲的甚长基线干涉测量（Very Long Baseline Interferometry，VLBI）网、美国的甚长基线阵（Very Long Baseline Array，VLBA）、日本的空间甚长基线干涉测量相继投入使用，成为新一代射电

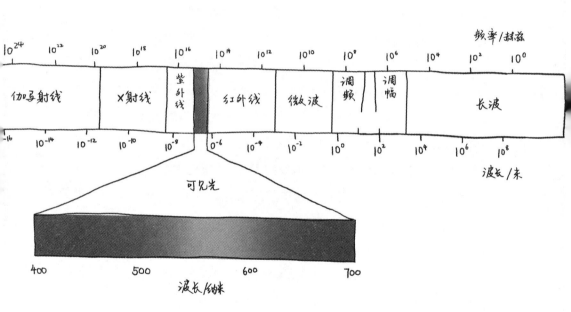

图 6-5 电磁波谱

望远镜的代表。它们的灵敏度、分辨率和观测波段都大大超过了以往的望远镜。其中，美国的甚长基线阵由 10 个抛物天线组成，横跨从夏威夷到圣克罗伊岛的 8000 千米距离，其精度是哈勃空间望远镜的 500 倍，是人眼的 60 万倍。它所达到的分辨能力相当于让一个人站在哈尔滨看清海南岛的报纸。

目前，世界上口径最大、最具威力的单天线射电望远镜是我国的 500 米口径球面射电望远镜（Five-hundred-meter Aperture Spherical-radio Telescope，FAST），与美国的阿雷西博（Arecibo）300 米望远镜相比，FAST 的灵敏度提高了 2.25 倍。而且 Arecibo 300 米望远镜的工作极限天顶角只有 20 度，限制了观测天区，特别是限制了联网观测能力，而 FAST 可覆盖的天顶角达到 40 度。可以预测，FAST 将在未来 20～30 年保持世界一流设备的地位。它将在基础研究等众多领域，如宇宙大尺度物理学、物质深层次结构和规律等方向，提供发现与突破的机遇，也将在日地环境研究、国防建设和国家安全等方面发挥不可替代的作用。

未来，人类将建造更大的射电望远镜，预计到 2026 年之后，世界将进入平方千米射电望远镜阵（Square Kilometer Array，SKA）的时代。SKA 中频波段由 2500 个碟状天线组成，每个天线直径为 15 米，低频阵列则是 130 万个小的偶极天线。SKA 横跨三个大洲，基线超过 3000 千米，接收器面积合计达 1 平方千米。当它全功率运行时，需要 2～3 个核电站才能供应所需电能。SKA 的灵敏度较目前的望远镜将提高 50 倍，巡天速度将提高 10 000～200 000 倍。

2. X 射线天文卫星

在浩瀚的宇宙中，脉冲星、伽马射线暴、超新星遗迹、黑洞等都会发出 X 射线。如果接收到这些 X 射线并加以分析，就能勾画出这些天体的轮廓。换句话说，X 射线望远镜能让人们窥见黑洞的神秘一角。但由于 X

射线无法穿透地球大气层，只能在高空或者大气层以外观测。

第一颗 X 射线天文卫星是美国于 1970 年 12 月 12 日在肯尼亚发射的乌呼鲁卫星，该卫星原名"探险者 42 号"，又名"小型天文卫星 1 号"，因发射当天正值肯尼亚独立 7 周年纪念日而得名（"乌呼鲁"在斯瓦希里语中意为"自由"）。卫星上装有两个相互反向的 X 射线探测器，利用卫星的旋转进行了系统的 X 射线巡天，确定了约 350 个 X 射线源，发现了许多银河系中的 X 射线双星，来自遥远星系团的 X 射线，以及第一个黑洞候选天体——天鹅座 X-1。乌呼鲁卫星的观测取得了极大的成功，被认为是 X 射线天文学发展史上的一座里程碑。

除了乌呼鲁卫星以外，各国还相继发射了一系列 X 射线天文卫星，包括英国的"羚羊 5 号"卫星，荷兰天文卫星，美国的"小型天文卫星 3 号"、"高能天文台 1 号"和"高能天文台 2 号"（又名爱因斯坦卫星），欧洲的 X 射线天文卫星，日本的"银河"卫星等，其中 1978 年发射的"高能天文台 2 号"首次采用了大型掠射式 X 射线望远镜，能够对 X 射线源进行成像，是 20 世纪 70 年代取得成果最多的 X 射线卫星。

20 世纪 90 年代，意大利和荷兰共同研制的 BeppoSAX 卫星发现了伽马射线暴的 X 射线余晖。德国、美国、英国联合研制的伦琴卫星（Röntgensatellit，ROSAT），以发现 X 射线的德国科学家威廉·康拉德·伦琴（Wilhelm Konrad Röntgen）的名字命名，从 1990 年 6 月投入使用以来，已经完成人类历史上首次对整个软 X 射线天空的成像普查，以及对许多天体的纵深、定位观测，获得众多天文现象的丰富资料。1993年，日本发射的 ASCA 首次将 CCD 探测器用于 X 射线成像。美国的"罗西"X 射线时变探测器虽然不能成像，但是能够探测 X 射线源的快速光变。1999 年，两个重要的 X 射线天文卫星——美国的"钱德拉"X 射线观测台（Chandra X-ray Observatory）和欧洲的"XMM-牛顿"卫星先后发射升空。前者具有极高的空间分辨率（小于 1 角秒）和较宽的能量范围

（100～1000电子伏），后者则具有非常高的能谱分辨率。它们是21世纪初X射线天文学主要的观测设备，取得了一大批重要的研究成果。

"慧眼"硬X射线调制望远镜（Hard X-ray Modulation Telescope，HXMT）卫星是中国第一颗空间天文卫星，2017年6月15日发射，2018年1月30日交付使用，可观测1000～250 000电子伏能量范围的X射线和200 000～3 000 000电子伏能量范围的伽马射线。"慧眼"开展四个方面的空间探测活动：一是对银道面（银河系所在平面）进行巡天观测，发现新的高能变源，观测已知高能天体的新活动；二是观测黑洞、中子星等高能天体的光变和能谱性质；三是在硬X射线/软伽马射线能区获得伽马射线暴及其他爆发现象的能谱和时变观测数据，研究宇宙深处大质量恒星死亡及中子星合并等导致的黑洞形成过程；四是探索利用X射线脉冲星进行航天器自主导航原理。

3. 红外线天文卫星

将视野扩展到太空之后，由于没有了大气的阻隔，更宽谱段的电磁波展现在人类的眼前，除了X射线外，空间观测还可以扩展到红外波段。红外线天文卫星的主要任务是用红外望远镜对宇宙空间的红外辐射源（包括太阳系天体、恒星、电离氢区、分子云、行星状星云、银核[①]、星系、类星体等）进行普查，并在普查的基础上绘制红外天体图，对选定的天区与红外辐射源进行专门的观测。1983年1月25日，荷兰、美国和英国合作，发射了世界上第一颗红外天文卫星（Infrared Astronomical Satellite，IRAS）。在10个月的运行过程中获得了一系列新的发现，如在行星际空间有飘游的巨大尘埃云；发现6颗新彗星，以及在宇宙空间许多地方正在

---

① 银核是银河系中央略微凸起的部分。银河系的物质密集部分组成一个圆盘，称为银盘。银盘中心隆起的球状部分称为核球。核球中心有一个很小的致密区，称为银核。

形成新恒星；找到数十万个新的红外辐射源。这些发现加深了人们对宇宙的认识并推动了红外天文学的发展。

4. 引力波探测

在物理学中，引力波是指时空弯曲中的涟漪，通过波的形式从辐射源向外传播，这种波以引力辐射的形式传输能量。1916 年，爱因斯坦基于广义相对论预言了引力波的存在。引力波应该能够穿透那些电磁波不能穿透的地方。因此，科学家猜测引力波能够提供给观测者遥远宇宙中有关黑洞和其他奇异天体的信息，而这些天体不能通过传统的方式（如光学望远镜和射电望远镜）观测。因此引力波天文学将带给我们有关宇宙运转的新认识。更为有趣的是，引力波能够提供一种观测极早期宇宙的方式，而这在传统的天文学中是不可能做到的。对于引力波的精确测量能够让科学家更为全面地验证广义相对论。

激光干涉引力波天文台（Laser Interferometer Gravitational Wave Observatory，LIGO）是借助激光干涉仪聆听来自宇宙深处引力波的大型研究仪器。LIGO 由两个干涉仪组成，每一个都带有两条 4000 米的长臂并组成 L 形，它们分别位于相距 3000 千米的美国南海岸利文斯顿和美国西北海岸汉福德区。每条长臂由直径为 1.2 米的真空钢管组成。在光学方面，它用到高功率的连续稳定激光，加工极为精细的低吸收镜子及法布里－珀罗谐振腔（Fabry-Pérot resonator，FP）和功率循环腔。在机械方面，它用到被动阻尼和主动阻尼的隔震技术及真空技术。

2016 年 6 月 16 日凌晨，LIGO 科学合作组织宣布：2015 年 12 月 26日 03:38:53（协调世界时），两台引力波探测器同时探测到了一个引力波信号；这是继 LIGO 2015 年 9 月 14 日探测到第一个引力波信号之后，人类探测到的第二个引力波信号。2017 年 10 月 16 日，全球多国科学家同步举行新闻发布会，宣布人类第一次直接探测到来自双中子星合并的引力波，并同时接收到了这一壮观宇宙事件发出的电磁信号。

目前，中国主要有三个大型引力波探测项目在推进，第一个是中国科学院胡文瑞院士和吴岳良院士为首席科学家的"太极计划"，它类似于欧洲演化激光干涉空间天线（Evolved Laser Interferometer Space Antenna，eLISA），计划采用在绕日运行轨道上部署三颗卫星，形成数百万千米干涉臂长的探测方案。首颗实验卫星"太极一号"于2019年8月发射入轨，并开展了相关技术试验。第二个是中山大学罗俊院士领衔的"天琴计划"，相比于"太极计划"，它将在位于地球之上的10万千米轨道处布置三颗卫星，三颗卫星的间距约为17万千米。首颗技术验证卫星"天琴一号"于2019年12月20日成功发射，完成了在轨测试和试验，实现了对未来空间引力波探测任务进行部分关键技术验证的任务目标。第三个是中国科学院高能物理研究所主导的"阿里实验计划"，将在我国西藏的阿里地区放置一个小型但具有大视场的射电望远镜，从地面上聆听原初引力波的音符。

第七章

箭指苍穹

太空是新时代的制高点，更是人类未来的出路，除了这些现实意义外，飞翔更是人类永恒的梦想。古时候，人类渴望飞上蓝天，而进入现代后，飞上蓝天已成现实，飞向太空、飞向深空便成为人类新的梦想。今天，火箭是人类探索太空最主要的交通工具，箭指苍穹，冲破云端，是人类为实现新梦想迈出的第一步。

飞上天空的技术是复杂的，但飞起来的原理却很简单。虽然直到19世纪之后人类才发明飞艇、飞机、火箭，然而，飞起来的最基本原理却早已被古人掌握并实践，如风筝、孔明灯与火龙出水。古人孜孜不倦的尝试与牺牲，为我们今天飞向外太空打下了坚实的基础。

一、万户飞天

美国的埃隆·马斯克（Elon Musk）以梦想家的身份在全世界"圈粉"无数，但是，历史上真正用火箭飞天的第一人，却是一位充满着极大冒险精神与勇气的中国人——明朝的陶成道，但更多的人习惯以他的官职——万户来称呼他。

14世纪末期，万户设想利用火箭的推力飞上天空，并利用风筝平稳着陆。于是他把47支自制的火箭绑在一把椅子背后，自己坐在椅子上，双手各举着一只巨大的风筝，然后命令属下手持火把点燃全部火箭（图7-1）。在既没有任何有效安全防护措施也没有相关经验可供借鉴的情况下，想要达到预期的成功只能期待奇迹的出现。然而奇迹并没有发生，在火药的巨大推动力之下，万户的座椅迅速失控，这个想要飞上天的人，为

图 7-1　万户飞天

他的梦想付出了生命的代价。

万户虽然失败了，他的尝试却为后人打开了飞天的大门。关于万户飞天的壮举，在国内的史料中十分少见，反倒是国外有很多相关记载，明确为举世公认的事实。美国火箭专家詹姆斯·麦克唐奈（James McDonnell）称万户为"青年火箭专家"，是人类第一位进行载人火箭飞行尝试的先驱。苏联两位火箭专家费奥多西耶夫（В.И.Хеодосьев）和西亚列夫（Г.Б.Синярев）在1958年出版的《火箭技术导论》一书中也说到，中国人不仅是火箭的发明者，而且是最先试图利用火箭将人载到空中的幻想者。英国火箭专家麦克斯韦尔（W.Maxwell）说，万户的事迹是早期火箭史中一件有趣的重大事件。德国作家和火箭爱好者威利·李（Willy Ley）在1958年出版的一本书中也说到，公元1500年左右，万户在发明并试验一种火箭飞行器时壮烈牺牲。可以这么说，国际上对万户这一壮举的评价不胜枚举，万户为整个人类向未知世界探索的进程做出了重要贡献。因此，20世纪70年代，国际天文学联合会将月球背面一座环形山命名为万户，以表纪念。

不得不说，万户的这次尝试虽然以失败告终，但实际上，万户的想法是十分符合推进原理的。他乘坐的飞天装置就是现代火箭的雏形，甚至已经具备了现代固体火箭所拥有的基本构件。

然而在科学的世界里，仅仅有想法是不够的，不开展系统研究，雏形就永远是雏形，万户的牺牲也就失去了意义。因此在后来的数百年间，这个雏形慢慢成长，最终破壳而出，托举着人类克服地球引力，走向太空。

二、浅识现代火箭

地球大气层内部的各种喷气发动机仅需要携带燃料，燃料燃烧所需要的氧取自空气，而对于要飞向缺少空气的外太空的运载火箭，必须同时携带燃料和氧化剂。因此，火箭是地球大气层以外可以使用的少数运载工具，也是太空探测任务最重要的载体。

现代火箭的起步应当从第二次世界大战算起，战争极大地推进了火箭技术的进步。1944 年，德国将 V-2 火箭（图 7-2）用于战争，V-2 火箭的飞行高度达 85 千米，飞行距离达 190 千米，虽然这种武器有一定的缺陷，也无法挽回德国的败局，但是 V-2 火箭的成功发射，把航天先驱者的理论变成现实，是现代火箭技术发展史上的重要一页。

第二次世界大战结束后，苏联俘虏了部分德国火箭技术人员，缴获了几枚 V-2 火箭和有关技术资料；美国俘虏了以冯·布劳恩（Wernher von Braun）为首的德国火箭专家，缴获了 100 余枚 V-2 火箭，美苏均以 V-2 火箭为基础，开启了自己的航天之路。而冷战的开始，又极大地刺激了美国与苏联投入大量人力、物力研制洲际导弹与运载火箭，运载火箭技术也在美苏冷战期间得到了极大的发展。

1957 年 10 月 4 日，苏联用洲际导弹改装的"卫星号"运载火箭发射了第一枚人造卫星——"人造地球卫星 1 号"（又称为"斯普特尼克 1 号"），该卫星重 83.6 千克，距离地面最远时为 964.1 千米，最近时为 228.5 千米。为了纪念人类进入宇宙空间的伟大时刻，苏联在莫斯科列宁山上建立了一座纪念碑，碑顶安置着这颗人造天体的复制品。

之后的日子里，美苏在太空的竞争进入白热化状态，随着巨大的投入，运载火箭技术在这段时间取得了突破性进展。20 世纪 80 年代初，美苏两国已经分别研制出六七个系列的运载火箭，包括声名显赫的"土星 5号"和"能源号"等。

进入现代运载火箭时期，不得不提一位苏联科学家——康斯坦丁·齐奥尔科夫斯基（Konstantin Tsiolkovski）（图 7-3）。齐奥尔科夫斯基是现代宇宙航行学的奠基人，被称为"航天之父"。他有一句名言——"地球是

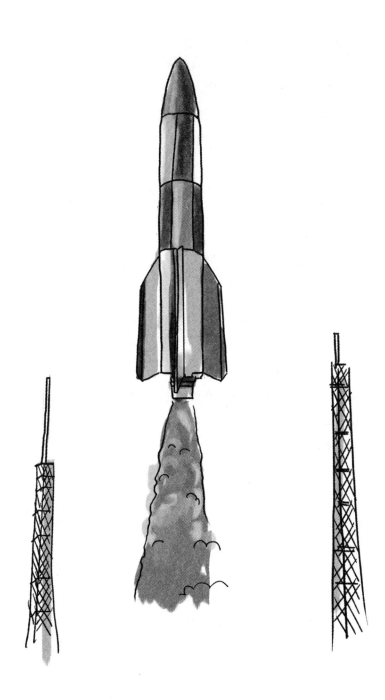

图 7-2　V-2 火箭

人类的摇篮，但人类不可能永远生活在摇篮里"，这句振奋人心的话，让人类对太空充满了无限遐想。齐奥尔科夫斯基最先论证了利用火箭进行星际交通、发射人造卫星和近地轨道站的可能性，并且提出了火箭和液体发动机结构的一系列重要工程技术解决方案。

在很小的时候，有关星际航行的问题就开始强烈地吸引着齐奥尔科夫斯基。他曾回忆说："在过去很长时间里，我也和其他人一样，认为火箭不过是一种少有用途的玩具。我已很难准确地回忆起是怎样开始思考有关火箭问题的。对我来说，第一颗太空飞行思想的种子是由一部幻想小说播下的，它们在我的头脑里形成了确定的方向。我开始把它作为一种严肃的活动。"

他的求学过程一直以自学为主，正是在自学过程中掌握了牛顿第三定

延伸阅读

康斯坦丁·齐奥尔科夫斯基

童年的齐奥尔科夫斯基活泼伶俐，爱读书，喜欢思考问题，尤其是爱无拘无束地幻想。他说：小的时候，为了让弟弟听我的狂想，我甚至会付钱给他。幻想过我有很大的体力；幻想过我像猫一样，顺着绳子和竿子爬得很高，看得很远。由于家里的条件不好，齐奥尔科夫斯基只在村办学校上过一段时间学，这是他仅有的受正规教育的经历。不幸的是，他在10岁那年滑雪的时候得了严重的感冒，导致猩红热，最终几乎完全失去了听觉。从那以后，齐奥尔科夫斯基与外界几乎隔绝了。他回忆说：我的耳朵近乎全聋，因此成了周边儿童嘲笑的对象。这个生理缺陷使我同人们疏远了，却使我发奋读书，用幻想来忘却所有的烦恼。受到伤害的自尊总要在其他方面寻求弥补和满足，齐奥尔科夫斯基开始把自己幻想成一些伟大的、英雄式的人物。

月球上有一座以他命名的环形山，还有一颗小行星（第1590号）也是以他的名字命名的。

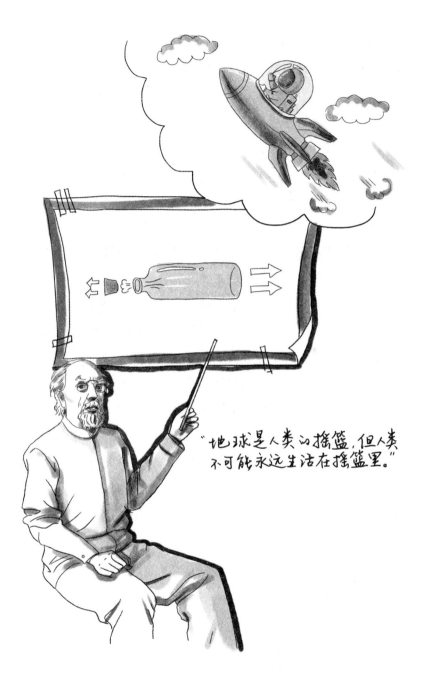

图7-3　康斯坦丁·齐奥尔科夫斯基

律，也就是作用与反作用原理，他对火箭原理的思考豁然开朗。他在日记中写道：如果在一只充满高压气体的桶的一端开一个小口，气体就会通过这个小口喷射出来，并产生反作用力，使桶沿相反的方向运动。这段话正是对火箭飞行原理的形象描述。

其实火箭的运动原理十分简单，就是由火箭发动机高速喷出的燃气反作用力助推火箭升空，类似于我们春节时燃放的烟花。

怎样评价一枚火箭到底有多"拉风"呢？最主要的评价参数就是推力、比冲和总冲。这几个名词其实十分好理解，推力是指所有作用在发动机推力室上的压力沿轴向的合力，也就是发动机的力气有多大。比冲也叫比推力，定义为发动机消耗单位质量推进剂所得到的冲量，也就是发动机的效率有多强。比冲越大，用相同质量的燃料产生的动量越大；或者可以理解为火箭喷出的燃气流量一定时，所获得的推力就越大。所以，比冲越大，发动机性能越好，影响比冲大小的主要因素是推进剂的种类。总冲也叫总冲量，定义为作用力与作用时间的乘积，所以火箭发动机的总冲量为发动机的推力和工作时间的乘积，总冲实际上体现的是发动机做功能力的大小。

根据火箭利用的能源种类，可以将火箭分为化学火箭、电火箭、核火箭、太阳能火箭和其他新型火箭。化学火箭是目前普遍使用的火箭，也称传统火箭。下面就详细说一下化学火箭家族的几位重要成员，其各有千秋，都在自己的使命范围内坚守岗位。

常用的化学火箭按其所用的推进剂形式来分，可分为固体火箭、液体火箭和混合型火箭三种类型。

固体火箭发动机的燃料直接安装在火箭的后部，使用的时候利用点火器引发燃料燃烧，产生推力推送火箭。固体火箭的推进剂在出厂前就已直接装填在发动机的燃烧室内，需要时可以立即使用，不需要临用前加注。在构造上，固体火箭发动机比液体火箭发动机要简单许多，重量也比较轻。固体火箭发动机的优点主要是结构简单、发展成熟、可靠性高；缺点主要是比冲较低，飞行过程中推力无法精确控制。

液体火箭发动机的优点在于燃料易于制取，通常从石油或化工原料中可以直接制成，燃烧的比冲大、推力强劲、持续性好，所以世界上多数的大推力运载火箭都使用液体燃料发动机作为动力，如我国的"长征"系列运载火箭，大多数都使用液体发动机作为推进系统，少量使用的固体推进器只是辅助手段。但是任何事物都无法做到完美，液体火箭发动机燃料灌装、存储困难，技术要求高，使用风险大，液体燃料经常伴随着高挥发性和毒性，历史上就曾发生过液体燃料泄漏，导致火箭操作人员中毒身亡的事故。同时，液体火箭的体积很大，转移和机动都很困难，因此将火箭从生产厂房运送到发射基地，路线都是需要精准设计的，要考虑经过的隧道、桥梁会不会影响运送等。

由于液体火箭发动机和固体火箭发动机各有优缺点，所以科学家把它们结合起来，形成混合型火箭发动机。混合型火箭发动机分为液固混合式和固液混合式两种。液固混合式发动机的燃烧剂是液体，氧化剂是固体；而固液混合式发动机正好相反。从性能来说，固液混合式火箭发动机的比冲高于固体火箭发动机，低于高能液体火箭发动机，与可储存的液体火箭发动机相当。从系统和结构来说，混合型火箭发动机的优点是简单紧凑，缺点是燃烧效率低，推进剂混合比不易控制，调节推力时能量损失较大。

现代运载火箭是由多级火箭组成的，是走向太空最主要的运载工具。现代火箭已经将一批又一批的航天器和航天员送入太空，将人造卫星、载人飞船、空间站、空间探测器等有效载荷送入预定轨道。那么，现在中国和其他国家都有哪些典型或著名的火箭呢？

三、世界运载火箭家族

（一）中国"长征"火箭家族

中国的万户虽然是世界飞天第一人，火药也是中国古代四大发明之一，但是中国真正开始现代意义上的火箭研制却是远远晚于美国和苏联的，而且受当时历史条件和国际环境重重制约，只能靠我们的科技人员自力更生、独立研制。

中国的运载火箭中有一个十分响亮的名字——"长征"，20世纪60年代的火箭设计人员有感于毛泽东主席的《七律·长征》，想着长征中红军不畏艰险、勇往直前的大无畏精神，希望我们的火箭事业也能如长征红军一样，克服艰难险阻，到达胜利彼岸，因此得名。

截至2020年，"长征"火箭已经发展到第4代，成为一个完整可靠的火箭系列，主要包括"长征二号"系列——主要用于发射各类近地轨道航天器，如载人的"神舟"系列飞船；"长征三号"系列——主要用于发射地球静止轨道卫星；"长征四号"系列——主要用于发射太阳同步轨道和极轨道应用卫星；2016年11月首飞成功的"长征五号"，用于探月三期、火星探测器、空间站及北斗卫星导航系统等重要任务的发射。

第一代："长征一号""长征二号"为第一代。第一代"长征"火箭根据战略武器型号改进而来，它们身上虽然还带有十分明显的战略武器特点，却解决了我国运载火箭从无到有的问题，可谓是我国火箭界的"开山鼻祖"。

1970年4月24日，"长征一号"运载火箭发射了中国第一颗人造卫星——"东方红一号"。虽然第一代"长征"火箭的运载能力比较低，不易使用，不好维修，发射之前的准备时间也非常长，但是它们给中国航天带来的光辉，让这些缺点看起来微不足道。为了研制第一代"长征"火箭，国家从全国各地调派了数千名科技工作者，在戈壁滩中开展研制和试验，条件艰苦，没有经验，很多人甚至将遗书写好，做出随时为祖国航天事业牺牲的准备，每个人身上都有着许多可歌可泣的故事。

第二代："长征二号丙""长征二号丁""长征三号""长征二号捆"为第二代。第二代"长征"火箭在第一代火箭的基础上进行了技术改进，但仍然带有战略武器型号的痕迹。第二代"长征"火箭中，原始状态的"长征二号丙"火箭是基础，其他改进的火箭型号一二级与"长征二号丙"火箭基本相同，采用有毒推进剂（四氧化二氮和偏二甲肼）和数字控制系统。值得一提的是，"长征二号丙"系列是中国首个"金牌火箭"称号获得者，可谓是战功赫赫。"长征二号捆"火箭也很特别，是中国第一种为商业卫星发射而研制的运载火箭，是载人火箭的基础。

1986 年年初，美国的"挑战者号"航天飞机爆炸后，航天飞机被停飞，美国用了很长时间分析和处理故障，其后美国停止使用航天飞机发射普通商业卫星。趁此时机，我国仅用了 18 个月就研制成功"长征二号捆"运载火箭，可以发射原本准备使用美国航天飞机发射的商业卫星。"长征二号捆"于 1990 年试射成功，1992～1995 年发射了多颗外国卫星。

第三代："长征二号 F"、"长征三号甲"系列、"长征四号"系列为第三代。第三代"长征"火箭在第二代的基础上，变得更加可靠，任务适应能力也大大提高，为满足载人航天任务需求，还增加了很多为航天员量身打造的安全设计。第三代"长征"火箭在发射基地的准备流程也越来越简单，使用和维护也更加方便。

"神舟一号"至"神舟七号"飞船都是由第三代火箭"长征二号 F"基本型发射的，可以说它为我国成功实现载人航天飞行做出了历史性贡献。"神舟七号"发射任务完成后，"长征二号 F"基本型的"兄弟"——"长征二号 F"改进型火箭先后成功发射"神舟八号"至"神舟十一号"飞船及"天宫一号"和"天宫二号"。第三代"长征"火箭的辉煌历史可不止这些，在"长征"火箭中，最有名的"金牌火箭"当属"长征三号甲"系列

（包括"长征三号甲""长征三号乙""长征三号丙"），"长征三号甲"于1994年2月8日首次发射成功，截至2019年4月22日成功实现100次发射，成为我国首个发射次数超过100次的单一系列运载火箭。

第四代："长征五号"系列、"长征六号"、"长征七号"、"长征八号"系列、"长征十一号"等为第四代。第四代"长征"火箭采用无毒无污染推进剂，对自然环境的伤害较小；整支火箭采用统一总线技术和先进的电气设备；最大运载能力也得到大幅度提升。

被人们昵称为"胖五"的"长征五号"系列，是中国运载能力最大的重型火箭，地球同步转移轨道和近地轨道的运载能力分别达到14吨级和25吨级。其二级半构型的基本型于2016年11月3日首飞成功，2017年7月2日，第二次执行发射任务时虽然遭遇失利，但这或许就是"长征"的意义，眼前虽有雪山般的严酷困难，但不远的将来一定会迎来胜利的光辉。2019年12月27日，"长征五号"执行第三次发射任务，终于一扫失败的阴霾，成功将"实践二十号"卫星送入预定轨道。不加第二级的一级半构型"长征五号B"运载火箭于2020年5月5日首飞成功，圆满完成新一代载人飞船试验船发射任务。2020年7月23日和11月24日，"长征五号"又分别成功发射了"天问一号"火星探测器和"嫦娥五号"月球探测器，未来"长征五号"系列火箭将在深空探测、空间站、北斗卫星导航系统的建设等领域发挥重要作用。

（二）国外火箭家族

除了我国的"长征"火箭以外，国际上有着赫赫战功的火箭军团也不在少数，这里我们就列举其中的几个佼佼者。

1. 最大力的火箭——"能源号"运载火箭

"能源号"运载火箭是苏联（俄罗斯）研制的目前世界上起飞质量和

推力最大的火箭，其近地轨道运载能力为 105 吨，既可发射大型无人载荷，也可发射载人航天飞机等。"能源号"于 1987 年首次发射成功，1988 年将苏联的"暴风雪号"航天飞机成功送上太空，但苏联解体后，由于俄罗斯经济状况不佳，"能源号"火箭停止生产，再也没有发射过。更加可悲的是，仅存的"能源号"M 火箭一直存放在库房中，仪器老化、落满灰尘，2002 年因厂房坍塌被摧毁，一代火箭霸主就这样灰飞烟灭，悲情谢幕。

2. 最著名的火箭——"土星 5 号"运载火箭

"土星 5 号"运载火箭是美国为"阿波罗"计划而研制的，曾先后将 12 名航天员送上月球。其起飞重量为 3000 吨，直径为 10 米，高为 110 米，近地轨道运载能力达 120 吨，能把重达 47 吨的"阿波罗"飞船送入登月轨道。它从第一次飞行到退役，一共执行过 17 次发射任务，且大部分都是发射登月航天器，无一失利，堪称完美。但由于重开"土星 5 号"生产线花费巨大，且因"土星 5 号"是美国 20 世纪 60 年代的科技产物，与现在的航天技术相比已经严重落后，所以美国并没有重启"土星 5 号"的建造计划。有趣的是，关于"土星 5 号"设计蓝图遭销毁的传言一直没有停止过，即使是 NASA 官方出面辟谣，仍有很多人不买账。或许是人们太过怀念这枚拥有奇迹光环的火箭，才如此期待它"重出江湖"吧！

3. "大力神"系列运载火箭

美国"大力神"系列运载火箭由"大力神二号"洲际导弹发展而来，由"大力神二号"、"大力神三号"、"大力神四号"和商用"大力神三号"等型号与子系列组成。"大力神四号"的最大近地轨道运载能力为 21.6 吨，地球同步转移轨道运载能力为 5.7 吨，是美国研制的抛弃式火箭。"大力神"系列运载火箭的主要作用是发射各种军用卫星，同时也发射各种深空探测器，如"太阳神号"探测器、"海盗号"火星探测器、"旅行者号"探测器等。"大力神"系列运载火箭于 1959～2005 年共发射 368 次，2005 年 10 月 19 日在美国范登堡空军基地执行最后一次发射任务之后退出了历史舞台。

4."宇宙神"系列运载火箭

美国"宇宙神"系列运载火箭于 1958 年 12 月 18 日进行了首次发射，曾发射过世界上第一颗通信卫星、美国第一艘载人轨道飞行器等，是美国应用最广泛的运载工具之一。经过多年发展，"宇宙神"系列运载火箭在改进型一次性运载火箭计划的推动下，完成了一系列转变，淘汰了"宇宙神 –2"和"宇宙神 –3"运载火箭，研制开发了"宇宙神 –5"运载火箭，并于 2002 年 8 月 21 日首次发射成功。"宇宙神 –5"运载火箭采用两级或两级半结构，实行通用模块化设计，其中重型火箭使用了 3 个通用模块，其地球同步转移轨道运载能力达到 13 吨。

5."德尔塔"系列运载火箭

美国"德尔塔"系列运载火箭由"雷神"运载火箭改良而来，于 20 世纪 60 年代开始执行美国的太空发射任务。"德尔塔"系列运载火箭有着辉煌的过去，一直是美国发射中型卫星的主力运载火箭。截至 2019 年，"德尔塔"系列运载火箭发射超过 300 次，成功率达 95% 以上。"德尔塔 –3"运载火箭在 1998～2000 年三次发射失败了两次，因而很快被性能更好的"德尔塔 –4"运载火箭取代。"德尔塔 –2"是"德尔塔"系列运载火箭中较老的型号，自 1989 年 2 月问世以来，由于良好的适用性、经济性和可靠性，在国际航天发射市场取得了相当可观的成绩，成为美国整个航天运载体系中一个独立而重要的层次，到 2019 年为止仍然是美国的主力火箭，美国空军的全部 GPS 卫星都由"德尔塔 –2"运载火箭发射完成。"德尔塔 –4"运载火箭主要有三种类型：中型、中型 +、重型，每种都有第一级和第二级火箭，第一级包括燃料箱和主发动机，第二级包括二级发动机、燃料箱、载荷和各种电子设备。现役的"德尔塔"系列运载火箭包括"德尔塔-2"和"德尔塔-4"重型火箭,"德尔塔-4"重型火箭的地球同步转移轨道运载能力在13吨以上,是美国近年发展的新一代大推力、低成本、高可靠性的运载火箭。

6. "东方号" 系列运载火箭

苏联"东方号"系列运载火箭是世界上第一个火箭系列,是第一个载人航天运载工具,"东方号"运载火箭因发射"东方号"载人飞船而得名,于1961年4月12日将世界上第一位航天员尤里·阿列克谢耶维奇·加加林(Yuri Alekseyevich Gagarin)送上近地轨道飞行并安全返回地面。它创造了多个世界"第一":发射了第一颗人造卫星、第一颗月球探测器、第一颗金星探测器、第一颗火星探测器、第一艘载人飞船、第一艘无人载货飞船"进步号"等。"联盟号"运载火箭是"东方号"运载火箭系列中的一个子系列,是世界上历史最久、发射次数最多的多用途运载火箭。

7. "质子号" 系列运载火箭

"质子号"系列运载火箭是苏联第一种非导弹衍生的、专为航天任务设计的大型火箭,分二级型、三级型和四级型三种型号。其中三级型"质子号"于1968年11月16日进行了首次发射,其低地球轨道运载能力达到22吨,是世界上第一种用于发射空间站的运载火箭,曾发射过"礼炮1号"至"礼炮7号"空间站、"和平号"空间站各舱段和其他大型低地球轨道有效载荷。1998年11月20日,"质子号"发射了国际空间站(International Space Station,ISS)的第一个舱段。20世纪60年代中期以来,"质子号"系列运载火箭一直是苏联及俄罗斯发射大型航天器的主要运载工具,在美苏军备竞赛时期,"质子号"系列运载火箭承担了将大多数"月球号"无人探测器送上月球的任务。

"质子号"系列运载火箭使用的是偏二甲肼/四氧化二氮液体燃

料，一旦发生事故，这种剧毒燃料会对发射场周边地区造成严重污染。2010～2015年，"质子号"系列运载火箭的事故率不断上升，严重动摇了俄罗斯在国际航天发射市场的地位。即便后来俄罗斯推出升级版"质子–M"运载火箭也于事无补，"质子号"系列运载火箭失去相当大的市场份额。因此，俄罗斯决心采用更加环保的"安加拉"运载火箭，后者使用无毒无污染的液氧/煤油燃料。

2019年，俄罗斯赫鲁尼切夫国家航天科研生产中心（Khrunichev State Research and Production Space Center）宣布，将制造最后11枚"质子号"运载火箭，完成这批生产后，俄罗斯将开始使用新型"安加拉"运载火箭，为苏联和俄罗斯航天事业立下汗马功劳的"质子号"系列运载火箭将逐步退出历史舞台。但无论如何，在世界航天史上，"质子号"系列运载火箭仍然是最成功的重型火箭之一，总计发射过400多次，为苏联和俄罗斯，乃至世界航天事业做出了巨大贡献。

8. "天顶号"系列运载火箭

"天顶号"系列运载火箭是苏联解体前发展的最先进的一种火箭，其主要生产设备位于乌克兰，分为两级的"天顶–2"、三级的"天顶–3"和用于海上发射的"天顶–3SL"。"天顶–2"的低地球轨道运载能力约为15.7吨。用于海上发射的"天顶–3SL"是美国、乌克兰、俄罗斯、挪威联合研制的运载火箭，其地球同步轨道运载能力为2吨，1999年3月首次发射成功。"天顶–3SL"使用无毒无污染的液氧/煤油推进剂组合，是继苏联"旋风号"后第二个利用全自动发射系统实施发射的运载火箭，可以被机械装置自动吊装在发射台上并连上必需的地面控制管线，不需要进行手动操作，大大减少了发射事故导致人员伤亡的可能性。

9. "阿丽亚娜"系列运载火箭

"阿丽亚娜"是1973年7月由法国提议并联合西欧11个国家着手实

施研制的火箭计划，其研制目的是发射西欧各国的卫星，从而摆脱美国在空间技术方面对西欧的牵制，甚至能使西欧与美国争夺市场。截至 2019 年，"阿丽亚娜"系列运载火箭已研制成功 5 种型号，分别是"阿丽亚娜 –1""阿丽亚娜 –2""阿丽亚娜 –3""阿丽亚娜 –4""阿丽亚娜 –5"。第 6 种型号正在研制中，即"阿丽亚娜 –6"，预计 2021～2022 年首次发射。"阿丽亚娜 –4"于 1988 年 6 月 15 日进行了首次发射，其近地轨道运载能力为 9.4 吨，地球同步转移轨道运载能力为 4.2 吨，到 2003 年 2 月 15 日退役，共发射 116 次，其中成功 113 次，失败 3 次，成功率达 97.4%。"阿丽亚娜 –5"于 1996 年 6 月 4 日进行了首次发射，其近地轨道运载能力为 25 吨，地球同步转移轨道运载能力为 7.5 吨，目前仍是欧洲商业发射的主力运载火箭。"阿丽亚娜"系列运载火箭在国际航天市场的角逐中占据着重要地位，世界商业卫星的发射业务大约有 50% 由"阿丽亚娜"系列运载火箭承担。

10. 太空发射系统

太空发射系统（Space Launch System，SLS）是 NASA 最新开发的一种超重型运载火箭，它由航天飞机演变而来，最初的主要目的是维持"星座计划"[①]的进行，以及取代已经退役的航天飞机。第一阶段它将达到近地轨道 70～110 吨的运载能力，最终的运载能力将达到 130 吨以上，甚至有可能达到 165 吨。太空发射系统与"土星 5 号"非常相近，号称史上最强的运载火箭系统。目前它还尚未在太空中亮相，据 2020 年 NASA 最新消息，由于受新型冠状病毒引发的肺炎（COVID–19，简称新冠肺炎）疫情影响，原计划于 2020 年在第一次新系统探索任务中进行的太空发射系统

---

① "星座计划"是 NASA 已终止的一项太空探索计划，整个计划包括一系列新的航天器、运载火箭及相关硬件，将在包括国际空间站补给运输及登月等各种太空任务中使用。由于美国政府财政预算限制，该计划已于 2010 年宣布停止。

无人试飞将推迟到 2021 年年底，随后将在 2024 年将第一名女性航天员送上月球。待太空发射系统登上舞台之时，必将引领一个新的航天时代。

11. "H" 系列运载火箭

日本 "H" 系列运载火箭由 "H-1" "H-2" "H-2A" "H-2B" 等火箭组成，在研制中尤其关注低成本和高可靠性两个重要特征。"H-1" 运载火箭的地球同步转移轨道运载能力为 1.1 吨，由于使用了美国技术，只允许用于发射日本国内卫星，1988 年投入使用，1992 年退役。"H-2" 运载火箭是日本独立研制的首枚大型两级捆绑式液体运载火箭，主要用于发射 1～2 吨级的地球同步轨道卫星，于 1994 年开始首飞，由于成本高、可靠性差及操作复杂等问题，1999 被停止使用。截至 2019 年在用的 "H" 系列火箭是 "H-2A" 和 "H-2B"，分别于 2001 年 8 月和 2009 年 9 月首次发射成功。

"H-2A" 是以 "H-2" 为基础进行了较大改进的火箭，有标准型和增强型，均为二级火箭，一二子级使用液氧/液氢推进剂，通过模块化设计，采用相同火箭结构模块的不同配置来组成不同火箭型号。"H-2A" 运载火箭最大近地轨道运载能力为 10 吨，最大地球同步转移轨道运载能力为 6 吨，用于日本政府军用和民用有效载荷的发射，包括地球同步轨道通信卫星、侦察卫星、月球探测器和星际探测器等，同时也承揽国际商业发射任务。"H-2B" 运载火箭是 "H-2A" 的升级版本，其地球同步转移轨道最大发射能力约 8 吨。

12. 极轨卫星运载火箭

印度自行研制的极轨卫星运载火箭（Polar Satellite Launch Vehicle, PSLV）的太阳同步轨道运载能力为 1 吨，低地球轨道运载能力为 3 吨，于 1993 年 9 月 20 日进行了首次发射，但由于火箭出现故障，卫星未能入轨。此后，该火箭连续三次发射成功。1999 年 5 月，一箭三星技术取得成功。该火箭有 4 级，12 层楼房高，重 230 吨，性能优良，是印度最可靠的空间发射器。2017 年 2 月 15 日，印度用"PSLV-C37"运载火箭成功实现一箭 104 星发射，创造了一箭发射多星的当时世界最高纪录。

13. SpaceX"猎鹰"火箭

苏联解体以来，由于没有了政治上的压力，美国政府大幅度削减航天方面的资金投入，航天技术发展速度减缓。除了依赖政府投入外，航天事业也亟须找到自己的盈利模式，获得民间投入，同时降低自身的成本。美国太空探索技术公司（SpaceX）的"猎鹰"火箭是一个非常成功的案例，SpaceX 的火箭是当今火箭行业中的佼佼者，最为著名的是"猎鹰 9 号"和"重型猎鹰"火箭。

"猎鹰 9 号"火箭是 Space X 研制的可回收式中型运载火箭。该火箭对太空探索领域具有重要的意义，该火箭的自主返回技术，将大幅度缩减太空旅行的花销。若能实现火箭的全面回收，预期发射成本将降低 99%，且它已于 2015 年 12 月 21 日完成首次回收。在"猎鹰"火箭之前，美国火箭发射的成本已经高达 5 亿美元，如此高额的成本对于获得资金越来越少的 NASA 可谓雪上加霜，"猎鹰 9 号"火箭的加入，极大地降低了发射成本——"猎鹰 9 号"除自身成本低廉外，也迫使"宇宙神"与"德尔塔"系列运载火箭大幅度削减了发射费用。美国东海岸时间 2021 年 1 月 24 日，"猎鹰 9 号"成功完成一箭 143 星的发射任务，刷新了印度一箭 104 星的世界纪录。

"重型猎鹰"火箭高 69.2 米，低地球轨道运载能力达 53 吨，是 Space X 建造的自人类登月以来最强大的火箭，预计能将货物及人员送上月球、火星甚至冥王星。美国东海岸时间 2018 年 2 月 6 日 16 时 45 分，在经历了两次临时推迟之后，"重型猎鹰"火箭从美国佛罗里达州卡纳维拉尔角的肯尼迪航天中心发射升空，成功将 Space X 首席执行官埃隆·马斯克的一辆红色 2008 年款特斯拉跑车送入太空（图 7-4）。这是"重型猎鹰"的

图 7-4　"重型猎鹰"火箭将特斯拉跑车送入太空

埃隆·马斯克

"如果你没有偶像，埃隆·马斯克就是你的首选。"英国《每日电讯报》这样评价马斯克。无数人对这个带领人类奔向浩瀚宇宙的"钢铁侠"充满敬意。

马斯克作为特斯拉和SpaceX两家企业的首席执行官，长期以来，不少人对他的火星移民、超级高铁、地下隧道等想法嗤之以鼻，甚至称他为骗子。

粗略回顾马斯克的历程可以发现，他是极少数真正负责任的创业者。

如果汽车一直消耗石油，污染会愈加严重，石油会耗尽，抢夺石油的战争会一直不断，于是马斯克做了电动汽车。

如果电力一直依靠石油、煤炭甚至核能这些自然资源，它们可能有枯竭的一天，并且地球在升温，臭氧层在变稀薄，于是马斯克做了太阳能电池。

如果人类的贪婪一直膨胀下去，最终将把地球毁掉，人类就必须在外太空生存，于是马斯克做了火箭发射。

如果人类作为一个文明要繁衍下去，必须有一个最低的规模，如100万人，于是马斯克实现了火箭的回收再用及成本数量级的下降，这样才可能把100万人送到火星。

无数次的不被理解、不间断的被质疑，马斯克没有把这些声音放在心上，他只关心人类无路可走的那一天有没有奇迹发生，而且不惧失败，意志坚若磐石。

他早年的一段采访视频激励了无数创业者。视频中提到，SpaceX创立之初，他甚至遭到自己心目中的英雄——首位登月者尼尔·奥尔登·阿姆斯特朗（Neil Alden Armstrong）和最后一位登月者尤金·安德鲁·塞尔南（Eugene Andrew Cernan）的反对和批评。镜头前，马斯克哽咽地说：我不知道什么叫放弃，除非我死去。

首次试射，两枚助推火箭成功在着陆区同时回收。那梦幻版的场景，吸引了全世界的目光。芯级火箭由于减速发动机没点燃而沉入大西洋，回收失败，但该芯级火箭原已无法重复利用，对发射任务无较大影响。

四、其他空间探索工具

除了运载火箭之外，还有其他工具可以把探测设备和仪器运送到高空或太空中。

（一）高空气球

高空气球又称高空科学气球，是指在平流层飞行的无动力浮空器，其飞行高度比飞机高得多，一般可达 40～50 千米，而且造价低廉、组织飞行方便、试验周期短，因而越来越受到科学工作者的青睐，并被广泛应用于高能天体物理、宇宙线、红外天文、大气物理、大气化学、地面遥感、高空物理、生物、微重力实验等方面的研究，同时大量应用于外层空间宇宙设备的预先研究、试飞及军事方面等。

一些发达国家和地区从 20 世纪六七十年代起开始大规模发展高空气球技术，使高空气球成为一种进行大气和空间科学研究的运载工具，与探空火箭、人造卫星等飞行器并驾齐驱。半个多世纪以来，这种运载工具或受人追捧，或被人忽视，如今新的经济、能源、环境背景为高空气球带来新的契机。

（二）探空火箭

探空火箭是在近地空间进行探测和科学试验的火箭。利用探空火箭可以在垂直方向探测大气各层结构成分和参数，研究电离层、地磁场、宇宙线、太阳紫外线和 X 射线、陨尘等多种日－地空间环境要素。探空火箭比高空气球飞得高，比低轨道运行的人造卫星飞得低，是 30～200 千米高空的有效探测工具。探空火箭根据用途可以分为以下几种：气象火箭，多用于 100 千米以下高度的大气常规探测；生物火箭，多用于外层空间的生物学研究；地球物理火箭，多用于地球物理参数探测，使用高度大多在 120 千米以上。

（三）航天飞机

航天飞机是一种运行在低轨、有人驾驶、部分可重复使用、往返于太空和地面之间的航天器。航天飞机包括一个多次使用的长得像飞机的轨道器、一个不可回收的扩展燃料箱和两个可回收的固体火箭发动机。美国和苏联都研制了自己的航天飞机，但仅有美国将航天飞机真正投入了实际应用。苏联的航天飞机"暴风雪号"仅完成了一次无人飞行试验，于 1988 年 11 月 15 日由"能源号"运载火箭发射，经过 3 个小时绕地球飞行两圈后安全返航，此后因苏联解体和俄罗斯经济实力下降等，"暴风雪号"发射计划于 1993 年被取消。

航天飞机能像运载火箭那样把人造卫星等航天器送入太空，也能像载人飞船那样在轨道上运行，还能像滑翔机那样在大气层中滑翔着陆，平时可以由大型客机转运。

20 世纪六七十年代，美国在经历了昂贵的"阿波罗"计划之后，降低航天发射成本成为共识。1969 年 4 月，NASA 提出建造一种可重复使用的航天运载器，并期望将一次航天任务的成本降低到数百万美元。1972 年 1 月，航天飞机空间运输系统正式列入计划，经过 5 年的时间，1977 年 2 月人类第一架航天飞机"企业号"研制完成，并于 1977 年 6 月 18 日由波音 747 客机驮负上天，完成首次载人试飞。"企业号"航天飞机属于研究阶段的产物，从来没有进入过太空执行正式任务，只是作为一个测试平台，用作进场和着陆试验以及数次发射架研究。尽管"企业号"航天飞机从未飞上太空，但从它身上所得到的宝贵试验数据，为其后第一架正式投入使用的"哥伦比亚号"航天飞机顺利升空奠定了基础。

"哥伦比亚号"航天飞机于1979年交付肯尼迪航天中心，它也是肯尼迪航天中心接管的首架航天飞机。1981年4月12日，"哥伦比亚号"航天飞机在肯尼迪航天中心发射成功，这是航天技术发展史上又一个里程碑事件。2003年2月1日，"哥伦比亚号"航天飞机在执行任务时，因机体外部隔热材料缺损，超高温空气从机体表面缝隙入侵到隔热材料下部四处乱窜，造成航天飞机在返航途中解体坠毁，机上的7名航天员全部遇难。

"挑战者号"航天飞机于1982年7月交付肯尼迪航天中心。1986年1月28日，"挑战者号"在执行第10次太空任务时，右侧固体火箭推进器上面的一个O形环失效导致一连串的连锁反应，"挑战者号"在升空后73秒时爆炸解体坠毁，机上的7名航天员全部遇难。

"发现号"和"亚特兰蒂斯号"航天飞机分别于1983年和1985年交付肯尼迪航天中心。"奋进号"是在"挑战者号"发生事故后建造的，用来代替"挑战者号"，于1991年5月交付肯尼迪航天中心。2011年7月8日上午，"亚特兰蒂斯号"航天飞机从肯尼迪航天中心成功发射升空，这是美国航天飞机项目历史上的第135次升空，也是美国所有航天飞机的最后一次飞行。2011年7月21日，"亚特兰蒂斯号"航天飞机在肯尼迪航天中心安全着陆，从此航天飞机退出了历史舞台。

航天飞机集火箭、卫星和飞机的技术特点于一身，它既能像火箭那样垂直发射进入空间轨道，又可以宛如卫星那样在太空轨道上绕地球运行，还能似飞机一样入大气层后滑翔着陆。在美国航天飞机的135次飞行中，向太空运送了多颗航天器，包括各类商业卫星、空间站、空间望远镜及各种科学探测器，进行过航天器的空间回收和在轨维修，完成了许多科学实验和研究项目，也执行了多次军事飞行任务，取得了许多重大科学技术成果。

无论是技术上还是理念上，航天飞机都非常先进，然而实际使用中，航天飞机并未实现 NASA 所设想的低成本。美国起初对航天飞机计划的预算为 430 亿美元（换算为 2011 年的美元价格），每次发射费用预计为 5400 万美元，但由于航天飞机系统过于复杂（机身超过 250 万个零件），技术和系统维护需要大量的人力、物力，这一计划远远超出预算。NASA 统计了自 1972 年航天飞机项目启动研制到 2011 年"亚特兰蒂斯号"谢幕绝唱，航天飞机项目共花费 1960 亿美元，其中每架航天飞机的造价约为 120 亿美元，单次发射的费用约为 4.5 亿美元，超最初计划预算近 10 倍，而一次性使用的宇宙飞船造价仅为 2 亿～3 亿美元。高昂的成本大量挤占了 NASA 的经费，最终导致美国停飞了航天飞机。除了高昂的成本外，过于复杂的结构也给航天飞机带来了一定的安全风险，"挑战者号"与"哥伦比亚号"航天飞机失事，导致 14 名航天员牺牲，给人类带来了惨痛的教训。

第八章

星际穿越

在太空中飞驰其实很容易，毕竟真空环境中没什么阻力，但是，如何启动就成为头等大难题。物体的质量越大，所需的推进力越大，火箭就是此类巨型物体。化学推进剂能提供初始的推进力，但宝贵的燃料几分钟后就燃烧殆尽，而之后到达更远的深空还需要更长时间和更多燃料，因此，需要更有创新性的推进方法。

为了飞向更高更远的太空，除了传统的火箭外，科学家"脑洞"大开，构想了很多飞向外太空的新方式，除了已经进入工程研究阶段的离子推进和核动力推进外，还有太阳帆推进、激光帆推进等。而将来假如应用了电影桥段中的反物质燃料、虫洞之类的航行形式，我们也不必大惊小怪。人类用自己的智慧一次次打破地球引力的束缚，走向更远的远方。这些概念性的推进方式很可能在将来的某一天会成为现实，相信那时若我们再阅读本书，必定会有新的体会。

一、离子推进器

离子推进器是最有希望为未来星际旅行提供动力的推进形式。

传统的火箭是通过尾部喷出高速的气体实现向前推进的。离子推进器也是采用同样的喷气式原理，但是它喷出的并不是燃料燃烧生成的炽热气体，而是一束带电粒子。它所提供的推动力或许相对较弱，但关键的是这种离子推进器所需要的燃料要比普通火箭少得多。只要离子推进器能够长时间保持性能稳定，它最终能够把航天器加速到更快的速度。

主流的离子推进形式分为三种，即电热式、静电式、电磁式。顾名思义，电热式主要是利用电弧加热电离气体，并且将其加速喷出。静电式主要是利用栅极提取阳离子，然后利用电场将其加速。电磁式的典型代表分为两种——霍尔推进器和磁等离子体推进器。霍尔推进器是基于霍尔效应产生正交场放电形成等离子体，然后利用静电场对离子加速且利用磁场约束电子运动。磁等离子体推进器则是利用脉冲放电的方法使推进剂电离，然后利用洛伦兹力对其加速。

相关技术目前已经应用到一些深空探测器上，如日本的"隼鸟号"（Hayabusa）小行星探测器和欧洲的SMART-1月球探测器等，而且技术已经取得了很大的进步。未来最有希望成为更远太空旅行飞船推进器的可能就是可变比冲磁等离子体火箭（Variable Specific Impulse Magnetoplasma Rocket，VASIMR）。这种火箭与一般的离子推进器稍有不同。普通的离子推进器是利用强大的电磁场来加速等离子体，而VASIMR则是利用射频发生器将离子加热到100万摄氏度。在强大的磁场中，离子以固定的频率旋转，将射频发生器调谐到这个频率，为离子注入强大的能量，并不断增加推进力。根据科学家估计，如果一切顺利，VASIMR将能够推动载人飞船在39天内到达火星。

二、"核"心的力量

（一）核子脉冲推进器

在大多数人看来，最危险、最不计后果的一项技术应该是核子脉冲推进技术。核子脉冲推进器非常有可能实现，但危险性很大。

核子脉冲推进技术的基本思想是，在推进火箭的尾部定期引爆一枚核弹，用作推动力的来源。这个匪夷所思的想法，恰恰是美国国防部高级研究计划局（Defense Advanced Research Projects Agency，DARPA）提出的。

DARPA 的这项研究计划代号为"猎户座计划",是 1955 年美国实实在在考虑过的一项计划。计划的目标是研究一种适合快速星际旅行的推进方案。在 DARPA 最终拿出的方案中,推进火箭被设计成一个巨大的减震器,而且有厚重的辐射屏蔽用于保护乘客的安全。

这个方案虽然看起来可行,但它可能对大气层造成严重的辐射污染。因此,到 20 世纪 60 年代"猎户座计划"也未能真正实施。尽管存在许多担忧,但是仍然有人在继续研究核子脉冲推进技术。从理论上讲,核子脉冲动力飞船速度可以达到光速的 10%,以这样的速度到达最近的恒星可能需要 40 年。

(二)核聚变动力火箭

依靠核动力的太空飞行技术并不是只有核子脉冲推进器,还有其他的核能利用方式。例如,在火箭上安装一个核反应堆,利用核反应堆提供的热量喷射气体,从而产生推动力。反应堆中的核反应分为核裂变与核聚变两种。不过,核裂变产生的能量与核聚变相比,存在很大的差距。在核聚变反应中,核子被迫进行聚合从而产生巨大的能量。大多数的核聚变反应堆都是利用托卡马克 [①] 装置,将燃料限制在一个磁场之中来驱动核聚变反应的。但是,托卡马克装置太重,并不适用于火箭。因此,核聚变动力火箭必须采用其他触发聚变的方法,如惯性约束核聚变。这种设计以高能光束(通常是激光)来代替托卡马克装置中的磁场。当核聚变反应发生后,再利用磁场引导炽热离子喷向火箭尾部,获得核聚变火箭的推进力。

火箭引擎工作需要两种东西——能量和工质。一般的化学能火箭中,推进剂既提供了推进的能量,又充当了推进的工质。这样看似简化了结

---

① 托卡马克(Tokamak),一种利用磁约束来实现受控核聚变的环形装置,其名称 Tokamak 来源于 toroidal(环形)、kamera(真空室)、magnet(磁)和 kotushka(线圈)。

构，但是根据动量守恒定律可知，火箭的比冲和抛射工质的速度成正比，而化学能火箭喷射工质的速度存在上限。理论上来说，能量和工质也可以分开，核聚变动力火箭就是利用核聚变产生的能量加热工质（核聚变产物本身也可以当工质）产生推进力。

在核聚变引擎中，有三种类型的能量来自核聚变反应。

等离子体热能：当核聚变燃料进行聚变时，燃料原子被电离成有用的热等离子体，这里包含了大部分的聚合能量，也是容易使用的能量。

中子能量：许多核聚变反应或副反应会产生致命的中子辐射。它对人类是致命的，可以导致发动机部件中子脆化和中子活化。中子能量被认为是浪费的能量。

轫致辐射能量：在核聚变反应的热等离子体中，电子与离子发生碰撞时突然减速而辐射出的能量。轫致辐射使有用的等离子体热能被转换成无用的、危险的 X 射线和冷离子，这也被认为是浪费的能量。

同时，根据需求不同，核聚变动力火箭也有不同的工作模式。

纯核聚变动力火箭只使用等离子体热能，核聚变产物只是用来作为反应工质，中子能量和轫致辐射能量被浪费了。这种模式可使排气速度与比冲之比达到最高，而推力与推进剂质量流量之比达到最低。

核聚变加力燃烧火箭也只使用等离子体热能，虽然增加了一部分由等离子能量加热的冷工质，但中子能量和轫致辐射能量还是被浪费了。

双模式核聚变动力火箭除了使用等离子体热能外，也使用了中子能量和轫致辐射能量加热反应工质。此外，双模式可以切换到纯核聚变模式。

纯核聚变动力火箭使用核聚变产物本身作为工质。核聚变加力燃烧火箭和双模式核聚变动力火箭通过附加的加力燃烧室（等离子体热能、中子能量和轫致辐射能量）加热附加工质。所以比起纯核聚变动力火箭，核聚变加力燃烧火箭和双模式核聚变动力火箭具有更大的推进力和更小的比冲。

核聚变反应温度非常高，需要约束反应体系。不同核聚变动力火箭的区别主要在于约束方式。根据约束方式的不同，可分为环形聚变、线性聚变（磁镜）、激光惯性约束聚变、Z 箍缩聚变、磁－惯性聚变等。

三、扬"帆"星海

（一）太阳帆

光子虽然没有静态质量，但是具有动量，当它撞击到光滑的平面上时，会被平面反弹，改变运动方向，并给光滑的平面以相应的反作用力。太阳帆推进就是指利用太阳光的光压作用进行宇宙航行的一种推进形式。与传统的利用风力进行航行的帆船相比，太阳帆是从太阳光线中获取能量。把接收光压的平面想象成一个巨大的船帆表面，而光就是吹向船帆的海风，风绵绵不断，船就一直前行（图 8-1）。太阳帆推进是一项不需要携载大量燃料的技术，理论上也可以达到极高的速度，不过它往往需要一段时间才可以达到这一目标。

也许你会疑惑，我们每天都受到太阳光的照射，为什么没有在地面直接实现宇宙航行呢？这是因为单个光子所产生的推力非常微小，在地球上，太阳光在一平方米帆面上产生的推力还不到一只蚂蚁所受的重力。由于重力、空气阻力、大气压力等的存在，太阳光的压力被淹没，如沙砾沉于汪洋之中，显现不出来了。但是在太空中，航天器处于失重状态且几乎不受空气阻力的作用，这时就有了太阳光压的用武之地，即使是那样微乎其微，它还是可以让航天器加速。而阳光源源不断，这个加速度一直存在，带有太阳帆的航天器飞行速度就会越来越快。太阳帆的面积越大，则受力越大，航天器的加速度也就越大，速度也将越快。有观点认为，携带大型太阳帆的航天器最终能以每小时 24 万千米的速度前进，这个速度

图 8-1　太阳帆与船帆

远远高于当今火箭推进能达到的最高速度。太阳帆不仅能通过调整帆与太阳光之间的角度来改变航天器的运行轨道，而且能不断加速飞行。简而言之，太阳帆推进就好像是滚雪球，初始速度或许很小，但是它会呈现雪崩式的增速，最终甚至可以达到近光速飞行。所以，一直以来，用太阳帆直接进行星际航行都是太阳帆研发的最终目的。利用太阳帆推进技术实现人类遨游太空的梦想，从理论上是完全可行的。

其实太阳帆的理念并不是新生事物，著名天文学家约翰尼斯·开普勒（Johannes Kepler）早在 400 年前就曾提出依靠太阳光的能量使飞船驰骋太空的可能性。同时，利用太阳帆进行宇宙航行也绝对不仅仅停留在理论层面，因为关于太阳帆的试验与研制工作一直没有停止过。

2001 年 7 月 20 日，人类的第一颗太阳帆卫星"宇宙 1 号"从俄罗斯的一艘核潜艇上发射升空，但由于卫星未能与第三级运载火箭分离而坠毁。日本宇宙航空研究开发机构（Japan Aerospace Exploration Agency，JAXA）于 2010 年发射了试验性太空探测器"伊卡洛斯号"（IKAROS）。IKAROS 由日本设计研制，并于 2010 年 5 月 21 日在日本的种子岛太空中心和"拂晓号"（AKATSUKI）金星探测器一起搭乘 H-2A 运载火箭发射成功。它每分钟旋转 20～25 次，直到 2010 年 6 月 11 日 JAXA 宣布太阳帆完全展开，并在之后的航行中保持每分钟旋转两次。在前往金星的 6 个月航行中，IKAROS 的加速和姿态控制测试成功实施。JAXA 十分谨慎，一再确认 IKAROS 是使用太阳帆进行加速后，才宣布姿态控制成功。美国行星协会的众筹项目"光帆 2 号"（LightSail 2）于 2019 年 6 月 25 日由 SpaceX "重型猎鹰"火箭发射，并于 7 月 23 日展开了携带的太阳帆。"光帆 2 号"是一种相当于一条面包的"立方星"（CubeSat）。它配备了摄像头和通信设备，但主要的吸引力在于它的聚酯薄膜太阳帆，完全展开后达到 32 平方米。根据美国行星协会发布的消息，在太阳光的推动下，"光帆 2 号"在短短两周内将其轨道提升了 3 千米。

尽管太阳帆有诸多好处，但它还是存在一定的问题。如果轨道高度低于800千米，太阳帆就没有办法发挥作用了，因为此时大气阻力的影响比太阳光压要大许多。只有当轨道大于这个高度时，太阳帆才能在光压的推动下产生一个非常微小的加速度，通过不断地累积达到足够的速度。另外，太阳帆需要很大的面积才能有更大的推力作用到航天器上，而这个时候能带多少有效载荷到天上去又成了一个新的问题，而且直到现在，太阳帆的展开仍旧是个难题。

　　尽管在技术的萌芽阶段出现了许多问题，但太阳帆仍然是一项非常有希望的未来太空技术。至少在太阳系内，太阳的光线可以提供源源不断的推进力。将来，人类可能会利用太阳能实现星际旅行。

（二）激光帆

　　太阳帆有一个升级版本，即激光帆。激光帆的原理和太阳帆基本一致，只是激光帆利用的是激光的光压。

　　相比普通的光来说，激光具有亮度高、发散小等突出特征。我们平时常见的激光笔就是一种简单的激光发生器，对比一支蜡烛的光和一支激光笔发出的光，不难看出，想要照射到远距离之外的某个点，我们会选择激光笔。科学家当然知道这一点，所以，激光帆航天器用的就是比太阳光效率更高的激光。1984年，美国休斯飞机公司研究实验室的物理学家罗伯特·福沃德（Robert Forward）在他的一篇论文中提出了采取古老的帆船技术进行星际旅行的理念。正如风能使帆船航行海洋那样，强大的激光束也可以推动具有巨大激光帆的航天器遨游太空。于是科学家设想用激光器为航天器提供动力，让航天器的速度不断加快，奔向遥远而未知的太空。

　　正如前面所说，同太阳光相比，激光束更善于集中力量办大事，不会像太阳光那样随着距离的增加出现快速发散和减弱的情况。理论上讲，激光束能够将航天器推至半人马座 α 星 [1] 甚至更远。根据福沃德的理念，NASA 喷气推进实验室（Jet Propulsion Laboratory，JPL）的罗伯特·弗里斯比（Robert H. Frisbee）描绘出了人类飞向巨蟹座 55 星的旅行方案。他为航天器设计了一面 600 英里 [2] 宽的铝制薄膜帆，而产生高能激光束的激光器则被设计架设在地球轨道或月球表面，将产生的激光聚焦在帆上推动航天器。激光器将孜孜不倦地工作数年，以保证航天器达到它需要的速度，然后在航天器抵达目的地前数年重新开始工作，以帮助航天器降低速度。

这种激光帆的材质也是需要特别研究的，因为激光的能量很高，它照射到激光帆面，会使激光帆越来越热，这就需要一种散热性能很好的材料作为激光帆的原料。而激光帆的尺寸也需要设计成大面积的状态，这么一个庞然大物要被送到太空中，当然是重量越轻越好，延展性越强越好。除了罗伯特·弗里斯比所设计的铝制薄膜帆外，NASA 的科技工作者还研究采用金属铌或金刚石制作的薄膜，这些耐高温的材料能够承受光斑更小但能量密度更高的激光束的照射。金刚石帆具有与弗里斯比的铝制薄膜帆相同的功能，但它对飞船的加速更快，可以缩短星际旅行时间。可见，金刚石不仅是饰品中的贵族，在飞向外太空的路上同样也是佼佼者。

如果用激光束来帮助人类飞向巨蟹座 55 星，那么激光器的输出功率将大得不可思议。根据罗伯特·弗里斯比的估算，推动飞船所需的激光器稳定能量输出应达 17 000 万亿瓦。要实现如此巨大的能量输出，弗里斯比提出利用特殊装置集聚太阳能来泵浦 [3] 激光器，也就是说，激光器在太

---

① 又称南门二，位于天空南方的半人马座，是一颗三合星系统，是距离太阳最近的恒星系统。其中的第三颗星，即半人马座 α 星 C，又称比邻星，是离太阳系最近（4.22 光年）的一颗恒星。它是由天文学家罗伯特·因尼斯（Robert Innes）于 1915 年在南非发现的。

② 1 英里 =1.609 344 千米。

③ 泵浦（pump）是一种使用光将电子从原子或分子中的较低能级升高到较高能级的过程。人们用"泵浦"这个词来形容，就是把这一过程比喻成把水从低处抽运到高处。

阳的作用下产生会聚的光束。实际上，美国芝加哥大学的物理学家已展示了一种新系统，它能将普通光的密度提高 84 000 倍。

如果掌握了激光帆技术，那么人类再也不用担心远距离飞行的燃料问题。根据罗伯特·弗里斯比的研究，激光帆航天器在不到 10 年的飞行时间内，其速度就可以达到光速的一半。如果采用直径为 200 英里的激光帆，我们可以在 12.5 年的时间内抵达半人马座 α 星；采用直径为 600 英里的激光帆，与巨蟹座 55 星中类似地球的行星相会只需 86 年。

英国物理学家史蒂芬·威廉·霍金 2016 年 4 月 13 日在纽约世贸中心与俄罗斯互联网投资人尤里·米尔纳（Yuri Milner）共同启动了一项名为"突破摄星"的计划。这项最终耗资可能达 50 亿～100 亿美元的太空搜索项目，旨在研发名为"星片"（StarChip）的光帆飞行器，以期能以 1/5 的

延伸阅读

霍金教授 2016 年 4 月 13 日关于"突破摄星"计划的微博

我在纽约向中国的各位问好！在纽约城的一号楼观景台，我和尤里·米尔纳启动了"突破摄星"计划，马克·扎克伯格（Mark Zuckerberg）也加入了该计划的董事会，为"突破摄星"助一臂之力。在一代人的时间内，"突破摄星"旨在研发出一台纳米飞行器——一台质量为克级的自动化太空探测器，并且通过光束把它推动到 1/5 的光速。如果我们成功的话，这个飞掠任务将会在发射后 20 年左右到达半人马座 α 星，并发送回来在那个星系中发现的行星图片。

爱因斯坦曾经幻想在宇宙中乘着一道光线飞驰，这个思想实验为他的狭义相对论奠定了基础。一个多世纪后，我们有机会可以达到光速的一小部分：每小时 1 亿英里。只有通过这么快的速度，我们才有希望在人类的时间尺度内到达那些恒星。

这个项目耗资巨大，雄心勃勃地希望探索人类创新和工程学的极限。能参与这样的项目，非常令人兴奋。

光速（每秒 60 000 千米），经过约 20 年的航行时间抵达半人马座 α 星，并在到达后再经过约 4 年的时间向地球传回信息。非常有趣的是，这条消息来自霍金的微博。

事实上，"突破摄星"计划的雏形至少在 10 年前就已被提出。这类恒星际计划都准备向距离太阳系最近的恒星发射速度至少为 1/10 光速的探测器，这样的速度可以保证世界上有相当一部分人能在有生之年见证整个探测结果。

（三）磁场帆

与太阳帆不同的是，磁场帆是利用太阳风的磁场而不是太阳的光线提供推动力。太阳风是一团带电粒子流，拥有自己的磁场。科学家提出这样的设想，在航天器周围制造一个与太阳风磁场相排斥的磁场，将航天器包围，这样就可利用磁场的斥力推动航天器飞行。

磁场帆的推力比太阳帆更强，还能让航天器借助行星周围的磁场，通过磁场的相互作用改变自己的运行轨道，仿佛帆船围绕着不同的小岛进行冲浪一般。

然而与太阳帆一样，磁场帆并不适合恒星间旅行。因为当它远离太阳时，太阳风的强度会急剧下降。因此，在太阳系外，没有了所需的磁场，磁场帆航天器便没有足够的动力飞向其他恒星。

（四）电动帆

电动帆是 2006 年由芬兰昆普拉（Kumpula）空间中心的派卡·扬胡宁（Pekka Janhunen）博士提出的一种具有革命性意义的全新无工质推进技术。它与磁场帆一样，利用的是太阳风中的带电粒子，只不过它的工作原理是利用通电导线产生电场，使太阳风中的质子在电场中偏转，通过动量交换的方式获得推力。太阳帆航天器利用太阳光的压力，需要高反射率的材料制造帆面，但电动帆不需要这样。电动帆只需要导线即可，旋转起来后可形成一个反作用面，来产生反作用力推动航天器前进。

目前的电动帆方案是依靠横截半径仅 25 微米，但有 20 千米长的金属导线工作，还配备有太阳能电池板和一个工作功率只有几百瓦的电子枪。电子枪将飞行器上的电子释放到星际空间中，这样飞行器就始终带强正电。当带负电的太阳风粒子遇到带强正电的长线时，就像遇到了巨大障碍物，它们不断向长线撞去，将自身动量转移到长线和航天器上后，使航天器加速离开太阳。这个加速的量非常小，可来自太阳风的动量交换会随着时间而累加。

由于地磁场的存在，这个方案在地球磁层中不能发挥作用。所以，电动帆航天器需要传统的运载火箭将其送离地球空间后才能展开电动帆并驶向深空。但它的优点是显著的，可以自由改变航行方向，就像太阳帆可以通过改变帆板朝向来改变方向一样，太阳风粒子打在电动帆的正面，航天器就向远离太阳的方向航行；反之亦然。

四、反物质推进

在电影《天使与魔鬼》中，恐怖分子企图从欧洲核子研究中心盗取 0.25 克反物质，进而炸毁整座梵蒂冈城，最后被教皇侍从带到高空引爆。这一情节虽然与实际情况有一定的出入，却向观众震撼地展示了反物质巨大而神奇的力量。设想一下，如此巨大的能量如果被应用到航天器推进中，将会是何等的创举。

反物质是正常物质的反状态，是一种和正常物质的质量完全相同但电荷相反的物质。当正反物质相遇时，双方就会相互湮灭抵消，发生爆炸，正反物质的质量将按照爱因斯坦的质能公式全部转化为能量，并释放出来。反物质爆炸的威力要远高于氢弹爆炸。

反物质发动机的一个好处是反物质的湮灭可以自发产生，不像核发动机中的核反应那样需要许多条件，所以不需要很大的反应堆，可以减轻飞船重量。就目前所知道的所有物理反应而言，这是效率最高的燃料。

　　同样重量的航天器发动机燃料，反物质湮灭产生的能量，是氢氧化学反应的 100 亿倍，是太阳核心热核反应的 300 倍。一颗纽扣大的反物质同正物质湮灭产生的能量，可以让一艘航天器飞行数百光年。预计使用粒子束核心反物质发动机的航天器从地球飞到火星只需要 24 个小时至 2 周，而使用目前的化学推进发动机，则需要 7 ～ 12 个月。早在 1953 年德国火箭科学家欧根·桑格尔（Eugen Sänger）就提出可以用反物质推进航天器，而其后以反物质为燃料的航天器也成为科幻小说作家钟爱的星际运输工具。

　　但反物质推进又面临着很多实际的困难。首先，目前只能把湮灭过程反过来，才能制造反物质，也就是使用粒子加速器，从能量中反向制造出反物质，所要消耗的能量之巨大，简直超乎想象。由于这个原因，现在全球每年才能制造出一百亿分之一克的反物质，但这点反物质还不够加热一杯咖啡。其次，反物质只要遇到正物质立刻就会湮灭爆炸，所以无法使用任何正物质制作的容器来存放它，目前只能通过磁场来保存这些反物质基本粒子。使用最多的是超冷真空的彭宁离子阱，这是一种可以便携运输的反质子存放装置，利用叠加电磁场来存放反质子，但正电子难以用这种方式存放。所以，现在应用反物质来开展星际旅行，还为时尚早。例如，如果使用反物质发动机，仅在太阳系内旅行就需要几毫克反物质，去比邻星则需要几千克，而这远远超出了目前的制造能力。

　　如果不能在制造和储存方面取得突破性进展，也可以尝试减少反物质燃料的使用量。这种方式是将反物质的湮灭与核反应结合，取长补短，因为反物质昂贵且难以储存，所以少用反物质，多用核燃料；而因为核反应尤其是进行热核反应的条件要求太高，所以用能够自然发生的反物质湮灭来触发核反应。这种结合的方式虽然比纯粹的反物质发动机产生的功率小，但更容易实现。

五、虫洞

对于《星际穿越》的电影迷来说，不得不提的星际航行模式一定是虫洞（图 8-2），虫洞又叫时空洞，又称爱因斯坦 - 罗森桥（Einstein-Rosen bridge），也译作虫孔，是宇宙中可能存在的连接两个不同时空的狭窄隧道。虫洞的概念在 1916 年由奥地利物理学家路德维希·弗莱姆（Ludwig Flamm）首次提出，1930 年爱因斯坦及纳森·罗森（Nathan Rosen）在研究引力场方程时假设，通过虫洞可以做瞬时的空间转移或者做时间旅行。穿越剧的剧情，这么看来竟然也是有科学依据的。

简单地说，虫洞就是连接宇宙遥远区域间的时空细管，就像是大海中的旋涡一样，无处不在却又转瞬即逝，可以说，虫洞就是一种时空旋涡，就像旋涡能够让局部水面与水底离得更近一样，虫洞能够让两个相对距离很远的局部空间瞬间离得很近。这种"抄近道"的方式可以大大缩短时空旅行的时间。

但时至今日，科学家也没有观察到虫洞，连爱因斯坦本人也认为虫洞并非客观存在。所以，在后来的几十年中，虫洞都被认为只是个"数学伎俩"。1962 年，罗伯特·富勒（Robert W. Fuller）和约翰·惠勒（John A. Wheeler）发表论文证明，如果虫洞连接同一宇宙的两个部分，那么这类虫洞是不稳定的。1963 年，新西兰数学家罗伊·帕特里克·克尔（Roy Patrick Kerr）发现旋转的黑洞不会像施瓦西假设的那样坍缩成点状的恒星，而是会坍缩成一个旋转的圆环，使虫洞的存在重新获得理论支持。和人类一样，恒星也会经历生老病死的过程，克尔认为，如果恒星在接近死亡时能够保持旋转，就会形成我们在电影中看到的"动态黑洞"。

图 8-2 虫洞示意图

当我们像电影中那样沿着旋转轴心将物体发射进入后，若是能够突破黑洞中心的引力场极限，就会进入"镜像宇宙"。科幻电影《星际穿越》中的航天员库珀在黑洞中所处的"超维度"空间，其实就可以被看作是对"镜像宇宙"的一种解读。从宇宙进入"镜像宇宙"，本身就是一次"时空穿越"。

可即使虫洞存在并且是稳定的，穿过它们也是十分危险的。充斥其间的辐射将达到非常高的水平。当有人试着穿越虫洞时，他将被 X 射线和伽马射线烤焦。但随着科学技术的发展，新的研究发现，虫洞的超强力场可以通过负能量来中和，达到稳定虫洞能量场的作用。科学家认为，相对于产生能量的正物质，反物质也拥有负能量，可以中和周围所有能量。

像虫洞一样，负能量也曾被认为只存在于理论之中。不过，当前世界上的许多实验室已经成功地证明了负能量可以存在于现实世界，并且通过航天器在太空中捕捉到了微量的负能量。据科学家猜测，宇宙中充斥着数以百万计的虫洞，但很少有直径超过 10 万千米的，而这个宽度正是航天器安全航行的最低要求。负能量的发现为利用虫洞创造了新的契机，可以使用它扩大和稳定细小的虫洞。科学家指出，如果把负能量传送到虫洞中，把虫洞打开，并强化它的结构，使其稳定，就可以使航天器通过。

"虫洞说"目前仍是一种假设，但科学的进步离不开大胆的假设。人们一度认为物质的最小组成单位是原子，后来又发现了中子和质子等。同样，长久以来，人类也曾认为宇宙是由物质构成的，但暗物质的存在推翻了这一结论。科学假设的意义，就在于摆脱现有束缚，通过不断地自我否定和怀疑，推进人类对宇宙的了解和自身的进步。

在浩瀚的宇宙面前，人类真的十分渺小，但人类的思想早已在整个宇宙间穿行。从一个古代官员看似不切实际的梦想起步，人类已经让自己的航天器飞出了太阳系，那么今天我们觉得不切实际的构想，将来很有可能也会变成现实。未来我们要到一个新的星系，发现不同的物质，或者发现相似的生物，全要靠这些先进或者近乎疯狂的动力形式了。

第九章

浅识航天器

一、什么是航天器？

航天器是指在绕地球轨道或外层空间按受控飞行路线运行的飞行器。航天器家族主要包括火箭、人造卫星、航天飞机、载人飞船和空间站等。在太空中飞行的航天器，所处的环境与地表存在较大的不同，如极端的低温、低压、失重等。

太空中的航天器由不同功能的若干分系统组成，一般分为有效载荷和平台系统。有效载荷是指航天器上直接完成特定任务的仪器、设备和系统，又称专用系统，如用于空间观测的天文望远镜、空间粒子探测器等；军用航天器的多光谱相机、红外相机、合成孔径雷达等；气象航天器的红外、微波扫描辐射仪等；通信广播航天器的转发器和天线等。有效载荷是航天器的核心部分，绝大多数有效载荷就像人体的感官系统一样。通过装载不同的有效载荷实现不同的用途，保证航天器能够"看""听""感"到地球及空间中的信息。有效载荷是航天器设计研制的最重要驱动力之一。例如，曾经作为许多天文学家和天文爱好者"眼睛"的哈勃空间望远镜，帮助我们获得了海量的观测数据，对这些数据的分析和解答，使我们掌握了更多的宇宙知识，丰富了我们对宇宙的认识，如宇宙的年龄、恒星的形成和死亡过程、黑洞的演化以及暗物质的探索等。

平台系统用于保障航天器从起飞到寿命终止期间功能的正常执行，一般包括结构与机构、热控、姿态控制、推进、电源、数据管理、测控数传等分系统。为了确保航天器在轨安全稳定地运行，航天器上的各组成部分需采取相应的措施，如结构分系统使航天器构成一个整体，为有效载荷和其他分系统提供环境保护；热控分系统使舱内设备在极端低温环境下工作在合适的温度范围内；推进分系统为航天器在失重的环境中做轨道和姿态的保持或改变提供动力等。航天器不同的分系统犹如人体的器官（图9-1），只有各个器官都正常工作，人体才能保证健康，只有航天器各分系统均正常工作，才能确保航天任务的圆满完成。

二、骨骼和关节——结构与机构分系统

（一）结构

结构是航天器的主要组成部分之一，好比人体的骨骼，使航天器构成一个整体，为航天器提供总体构型。其主要功能包括：第一，承受和传递航天器上的所有应力负荷；第二，为有效载荷和其他分系统提供所需的安装空间、安装位置和安装方式，并提供有效的环境保护；第三，为某些特殊的有效载荷或其他分系统提供所需的刚性支撑条件（如保证天线组件、光学部件和传感器所需的位置精度或尺寸精度），以及所需的物理性能（如导热或绝热性能、导电或绝缘性能等）。

航天器结构中的脊梁一般为主结构，其形式主要有舱体式、构架式或中心承力筒式。中心承力筒式是航天器主结构的一种主要形式，其设计的好坏直接影响结构分系统的设计，因此，中心承力筒是航天器研制过程的核心部分之一。

（二）机构

机构是指航天器部件及其附件中完成规定动作或运动的机械组件。它是航天器上产生动作的部件，至少由一个运动部件和一个动力源及反馈装置组成。机构的作用是使航天器上各种可活动部件具有连接和分离、收拢

图 9-1 航天器与人体系统

和展开的功能。航天器机构就像人体的关节，人体通过关节的屈伸和弯折完成走、跑、跳等基本动作，同样道理，航天器也需要通过这样的机构部件完成正常的功能。

机构主要包括压紧释放机构（如太阳电池阵或天线）、展开机构（如太阳电池阵或天线）、锁定机构、连接分离机构（如舱段连接）、驱动机构等。

航天器机构的主要功能有：①形成和释放卫星上部件的连接或紧固状态；②使航天器与运载火箭之间或卫星上各部件之间相互分离；③使卫星上部件展开到所需位置或展开呈所需形状；④使卫星上部件保持指向规定的目标。

例如，航天器在发射状态时，太阳翼结构处于收拢状态，入轨后展开，因此，需要展开机构为太阳翼的展开提供动力，使太阳翼能够可控平稳地展开，接受太阳光照。

三、皮肤——热控分系统

热控分系统保护航天器结构与仪器设备在合适温度范围内正常工作，它犹如人体的皮肤，使航天器既不过度寒冷，也不至于"发烧"。

航天器常用的热控设计方法一般包括被动热控和主动热控两种。

（一）被动热控

被动热控是一种不消耗航天器能源的技术。就像人们随着周围环境温度的变化增减衣物一样，被动热控主要通过热控涂层、多层隔热材料、热管和相变材料等方式调节航天器舱内温度。

热控涂层也被称作温控涂层，是航天器采用的一种重要的热控手段，一般应用于航天器的表面。热控涂层就像人穿的衣服，穿上合适的衣服，才能既保暖又不至于出汗。

多层隔热材料是一种在空间中通过多层高反射率的材料，层层反射从而增加整体的辐射热阻来达到良好的隔热效果的热控材料。

热管是一种依靠其内部物质不断蒸发、凝结带走热量，通过循环流动使热量进行传递转移的导热元件。

被动热控的优点是简单、可靠性高，但控制精度较低，不具备适应条件变化且自动调节温度的能力。

（二）主动热控

由于被动热控存在的不足，有时必须采取主动热控，在航天器穿上热控"外套"的基础上，再添上"暖气"和"空调"，来满足那些对温度变化要求高的仪器和设备。主动热控系统通常具有温度敏感器、控制器、执行器，控制方式包括热控百叶窗、可控热管、电加热器及热开关等。

主动热控技术因传热热阻的不同大致分为三种：辐射式、传导式、对流式。

辐射式主动热控主要通过改变散热能力使航天器维持在合理的温度范围内，最早应用于热控百叶窗。

传导式主动热控主要通过传导的方式将航天器内部的热量散至外表面，进而排向宇宙空间。热传导系数可以根据需要而改变，从而达到设备温度自动调节的目的，如接触导热开关和可变热导的热管等。

对流式主动热控主要通过在装备有流体循环调节的航天器内部改变流体介质的对流换热系数，以达到温度调节的目的。由于航天器所处的环境，对流式换热系统并不能采用与地面应用时同样的设计，需要对其真空工作环境进行特殊考虑。在流体不能依靠重力和升力形成自然对流的情况下，需要外力的推动进行，此过程使热控系统结构更加复杂，耗能更多。但是对流热控系统的换热能力很强，在一些需要大量换热和高精度控制的地方有着不可替代的地位，如气体或液体循环热控系统，以及两相流体回路热控系统等。

主动热控的优点是控制精度高，对外部变化反应灵活，但由于结构复杂，可靠性较低。

四、小脑——姿态控制分系统

姿态是指航天器相对于空间某参考坐标系的方位或指向。在轨运行的航天器都承担特定的探测、开发和利用空间的任务，为了完成这些任务，需要航天器实现指定的姿态，必要时进行姿态控制。这犹如人体的小脑，在大脑的指挥下，协调和平衡各种运动姿态，保证活动准确到位。航天器的姿态控制要求主要包括姿态稳定和姿态机动两大类。

第一类要求将航天器上安装的有效载荷对空间的特定目标定向、跟踪或扫描。例如，通信航天器的定向天线要指向地面特定目标区，对地观测航天器的观测仪器应瞄准地球上某目标或按一定规则对目标扫描；空间探测航天器要求探测器指向空间某方位等。为此，航天器需要捕获目标，并在捕获目标后保持跟踪和定向。这种克服内外干扰力矩使航天器姿态保持对某参考方位定向的控制任务称为姿态稳定。

第二类要求航天器从一种姿态转变到另一种姿态，称为姿态机动或姿态再定向。例如，当要求航天器改变其运行轨道时，必须启动变轨发动机，在某个给定的方向产生速度增量，为此，需要将航天器姿态从机动前状态转变到满足变轨要求的状态。

按照是否需要消耗航天器上能源（电能或燃料化学能）获得控制力矩的方式，航天器姿态控制可分为被动姿态控制和主动姿态控制，以及介于二者之间的半被动和半主动控制。

（一）被动姿态控制

有些航天器可利用航天器本身的动力学特性（如角动量、惯性力矩）或航天器与周围环境相互作用产生的外力矩作为控制力矩源，因此，几乎可以不消耗航天器能源而实现被动姿态控制。被动姿态控制即被动姿态稳定，包括自旋稳定、重力梯度稳定、磁稳定、气动稳定和半被动姿态稳定等。

1. 自旋稳定

自旋稳定利用航天器绕自旋轴旋转产生的动量矩在惯性空间的定轴性，使自旋轴在无外力矩作用时在惯性空间定向，在有外力矩作用时则以某角速度运动而不做加速运动。自旋稳定方式简单、经济、可靠，常由运载火箭末级使航天器产生自旋，而航天器本身不需要额外手段就能实现自旋轴在惯性空间的定向。

"神舟十号"航天员王亚平在太空教学中就举了这样一个例子：她取出一个红黄相间的陀螺悬在空中，用手轻推陀螺顶部，陀螺翻滚着向前移动。紧接着，她拿出一个相同的陀螺，先使陀螺旋转起来再悬浮在半空中，这一次用手轻轻一推，旋转的陀螺则不再翻滚，而是摇晃着向前奔去。王亚平介绍说，高速旋转陀螺的定轴特性在航天领域用途广泛。在"天宫一号"目标飞行器上，就装有各式各样的陀螺定向仪，正是有了它们，才能精准地测量航天器的飞行姿态。

2. 重力梯度稳定

重力梯度稳定利用航天器各部分质量在地球引力场中受到不等的重力，使绕圆轨道运行的刚体航天器的最小惯量轴趋向于稳定在当地垂线方向，如美国的子午导航卫星。

3. 磁稳定

磁稳定依赖航天器本体的磁偶极矩与地磁场相互作用产生力矩，使

航天器达到平衡姿态时，磁偶极矩与地磁场同方向，如欧洲空间局
（European Space Agency，ESA）的 GOCE 卫星。

4.气动稳定

航天器在轨运行时，大气中的气体分子与航天器表面碰撞，形成气动
力和气动力矩。设计良好的航天器质量分布特性和星体气动外形，使航天
器姿态对迎风面气流方向稳定，这种稳定方式称为气动稳定。由于气动力
矩随大气密度改变，纯被动的气动稳定只适用于低轨道，一般在轨道高度
低于 500 千米时才可行，而且需要航天器具有较大的迎风面积。例如，返
回式航天器的返回舱再入大气层过程中的姿态主要依赖气动稳定，由气动
外形及质量特性来保证。

5.半被动姿态稳定

在被动姿态稳定的基础上，施加一些附加手段以提高姿态稳定性能
（但以消耗星上能源为代价）的系统称为半被动姿态稳定系统。例如，在
重力梯度稳定航天器的一个横向轴（垂直于指向地心的最小惯量轴）方向
加一个高速旋转的飞轮（动量轮）。

（二）主动姿态控制

利用卫星上能源（电能或推进剂工质），依靠直接或间接获取的姿态
信息，按一定的控制规律操纵控制力矩器（如陀螺）实现姿态控制的方式
称为主动姿态控制。

主动姿态控制系统由姿态敏感器、控制器、执行机构（控制力矩器）
和航天器本体一起构成闭环控制回路。

主动姿态控制系统技术复杂、成本高，要实现系统的长寿命和高可靠
运行有较大难度。但因为主动姿态控制系统精度高、反应快，能实现复杂
的控制任务，并能应付不测事件，所以已成为航天器姿态控制的主流方式。

五、肌肉——推进分系统

航天器推进分系统是指利用反作用力原理为航天器飞行轨道和姿态的保持与改变提供动力的装置，它犹如人体的肌肉，是实现航天器轨道与姿态控制以及位置保持等功能的主要动力装置，是航天器重要的组成部分。

"天宫二号"是我国第一个真正意义上的空间实验室，它运行在离地球表面高度约 393 千米的轨道环境中，但实际上由于受到地球引力和大气阻力的作用，它的轨道会慢慢下降。为了维持"天宫二号"的轨道高度，必须采用推力器。

目前常用的推力器有三种。

第一种是冷气推力器，它实际上非常简单，就是一个高压气瓶里装满高压的气体，当打开阀门，气体排出的时候就能产生推力，这个推力的作用类似于我们吹一口气。

第二种是化学推力器，它的工作原理是利用化学物质燃烧产生的高温高压的气体喷出，形成推力。化学推进的能源系统和推进剂供给系统是完全一体的，推进剂既是能源也是工质，利用推进剂的燃烧、分解等将化学能转化为工质的内能和压力势能，高温高压的气体产物经喷管膨胀加速后释放，形成推力。按照推进工质的不同，化学推进器可分为固体火箭发动机和液体火箭发动机。

第三种是电推力器，通过磁场加速等离子体来产生推力，本质上属于第八章中的离子推进器。电推进的能源系统与推进剂供给系统相互独立，工质靠来自电源的电能加热、电离或离解，将能量以等离子态的形式储存，然后加速释放，形成推进动能。电推进技术的采用将使航天器"瘦身"，省出来的空间可携带更多的科学仪器和设备。

实际上，航天器上的推进分系统不是由单一形式的推进器组成的，而是根据航天器任务的不同，采取多种推进器混合的形式开展工作。例如，欧洲的 SMART-1 月球探测器推进由主、辅推进分系统构成，主发动机是稳态等离子推力器，辅发动机是冷气与电弧推力器的组合。

六、心脏——电源分系统

电源分系统是指在航天器中产生、储存、变换、调节和分配电能的系统，其最终能量来源主要有化学原电池或蓄电池组、燃料电池、太阳电池阵－蓄电池组电源系统、太阳能热动力系统、核电源等，其中以太阳能为主。航天器的电源分系统好比人体的心脏，发出的电能好比人体的血液流遍全身，每时每刻都不能停歇。

目前，广泛应用的光伏太阳电池能量转化技术为各类航天器的载荷和平台系统提供了能量。光伏太阳电池能满足航天器寿命从几个月到十几年、功率从几十瓦到几十千瓦的能量需求。在光照期光伏太阳电池除了供电外，还为储能化学电池组充电。我们经常看到航天器上装有巨大的"翅膀"，其实就是太阳电池阵，通过将太阳能转化成电能为航天器提供能量。

根据安装方式的不同，太阳电池阵常分为展开式太阳电池阵和体装式太阳电池阵。展开式太阳电池阵安装在航天器外伸结构上；体装式太阳电池阵安装在航天器外壳上，外壳可以是各种不规则的形状，其太阳电池温度环境较好，但有效电池光照面积小，输出功率较低。

七、大脑——数据管理分系统

航天器的数据管理分系统好比人体的大脑，人体通过大脑协调运动、语言、表情等多种活动，建立并反馈人体与外界的信息交流。

大型航天器遥测通道需要上千路，遥控指令数百条，过去靠电缆网将被测或被控对象一对一地与遥测、遥控设备连接，电缆网接插件不仅占用大量体积、质量，可靠性降低，而且电磁兼容性问题突出。

20世纪70年代后期，随着电子技术和计算机技术的飞速发展，星载微处理器功能日趋完善，航天器测控技术发生了根本性变化，将遥测、遥控综合在一起，还综合了航天器其他信息处理的功能，形成了以微处理器为核心的星载数据管理（on-board data handling，OBDH）系统。80年代初，ESA和NASA分别开发了星载数据管理系统和指令数据管理（command & data handling，C&DH）系统。OBDH系统在被测、被控对象附近设置远置单元，通过总线与星载计算机中央单元连接，组成星载数据管理系统，将航天器的遥测、遥控、程控、星载自主控制、校时、整星控制与管理等功能综合在一个以微处理器为主的系统中实现，做到信息共享，从而更有效、更合理。

在国际空间站项目中，ESA为俄罗斯舱段所开发的数据管理系统，不仅对空间站的一个舱段自身进行控制，还要完成对整个空间站任务和故障的控制管理。其功能包括航天器平台和科学仪器数据的采集与处理，时间分配、延时和同步，任务和失效恢复的管理，支持来自地面站和其他航天器的控制指令等。

八、手机——测控数传分系统

测控数传分系统是对航天器飞行轨道、姿态和各分系统的工作状态进行跟踪测量、监视与控制的技术系统，用于保障航天器按照预先设计好的状态飞行与工作，以完成规定的航天任务。对航天器来说，测控数传分系统就好比手机和人的关系。手机虽不是人体的组织器官，但是在现代信息社会中，智能手机已成为人们日常生活中必不可少的生活用品，没有了它，人们几乎寸步难行。从某种意义上来说，智能手机几乎已经成为人们身体的一部分。

测控数传分系统按其系统功能组成，包含跟踪测轨、遥测、遥控、天地通信与数据传输 4 个主要子系统及有关辅助支持系统。测控数传分系统的上述 4 个子系统，可以是独立的系统，即单功能系统，但当今更为广泛采用的是统一系统，即多功能系统。如统一 S 波段（Unified S-band，USB）测控系统，其统一的含义是指用同一副天线、同一载波信道来传输各功能终端产生输出的或要接收解调的信息信号。

第十章

太空漫游

单纯从距离来看，人类已经走出了很远：截至 2020 年 3 月，目前人类发射最远的航天器"旅行者 1 号"已经飞行到了距离地球 222 亿千米的深空，足足是地球与太阳之间距离的 148 倍。然而，相对于浩瀚的宇宙，人类尚未起步："旅行者 1 号"还徘徊在太阳系边缘，若是按照目前的速度，飞到离太阳最近的一颗恒星——位于半人马座 α 星系统的比邻星，还需要 4 万年，至于飞出银河系，那更是不可能完成的任务。

在探索太空的道路上，人类不过才刚刚爬出了自己的摇篮（地球），正兴致盎然地在房间（太阳系）中摸索，最终有一天人类将学会走路（亚光速或者光速飞行），甚至会使用交通工具（虫洞），走出银河系，走出本星系群，走出本超星系团，甚至离开自己的宇宙。

人类探索太空的路程还很漫长，在迈出新的一步之前，我们不妨先回顾一下曾经走过的路，看看到目前为止人类探索太空的主要历程，了解人类的太空探索手段是如何逐步演化的。

一、无人探测历程

在获得进入太空的工具——运载火箭之后，人类走出了地球，踏上了月球，并逐步拜会了太阳系其他的行星，以及具有代表性的小行星、彗星、矮行星等天体。

在冷战的大背景下，太空成了超级大国展示实力的主要舞台，在 40 多年的冷战期间，人类航天技术可谓日新月异，诸多巧妙与疯狂的设想逐步变成现实。在此期间，人类探访了太阳系的全部行星（当时唯一未探测的冥王星已经于 2006 年被国际天文学联合会开除出行星行列，降级为矮行星），并且向太阳系外发射了探测器；人类航天员进入了太空，建造了可供航天员长期居住的空间站；人类登上了月球，带回了月球的土壤。

航天技术的飞速发展意味着巨额资金的投入，到冷战末期，激烈的军备竞赛导致苏联的经济举步维艰，美国也步履蹒跚。巨额的投入同时也带来了丰厚的回报，航天技术的发展带动了其他行业，并深刻地改变了我们今天的生活。航天技术的直接应用领域包括通信、广播、导航、遥感、育种等，间接应用领域范围更广，小到我们平时使用的圆珠笔，大到所有涉及集成电路的产品，都有着航天技术的影子。可以毫不夸张地说，航天技术与信息技术革命、人类冷战后的繁荣有着密不可分的关系。

随着 1991 年苏联的解体，冷战结束，至今已有近 30 年了，航天技术应用得更加广泛，遥感、通信、导航等卫星正在为全世界提供服务，与此同时，欧洲、中国、日本、印度等国家和地区也先后加入了太空探索的行列中。

（一）激烈的月球竞赛

月球是夜晚星空最耀眼的存在，是地球最近的邻居，也是美苏太空争霸赛最重要的赛场。自人类第一颗人造卫星发射后不到一年半的时间，1959 年 1 月 4 日，苏联的"月球 1 号"（Luna 1）从 5995 千米外掠过月球，成为第一个拜访月球的探测器，在月球竞赛中拔得头筹。值得一提的是，"月球 1 号"不仅是全世界第一个月球探测器，也是第一个摆脱地球引力的探测器。最终，"月球 1 号"绕着太阳公转，成为一颗人造"行星"。

除了月球探测领域外，苏联在载人航天领域也领先于美国——1961 年 4 月 12 日尤里·阿列克谢耶维奇·加加林乘坐"东方 1 号"载人飞船进入绕地球轨道，在轨道上待了 108 分钟后成功降落到地面，而美国仅仅慢了一步，5月5日，艾伦·谢泼德（Alan Shepard）①驾驶"自由7号"载人飞船完成了美国首次载人航天任务，成为美国进入太空的首位航天员。不同于加加林只是"东方一号"的乘客，谢泼德是"自由7号"的驾驶员。然而，此时的苏联已拿下人造卫星、月球探测和载人飞船的"三连冠"。第一赢得所有荣誉，第二只能默默无闻，处处落后一步的美国不甘继续跟在苏联后面亦步亦趋，必须有所作为、奋起直追。

1961年5月，美国正式公布了自己的载人登月计划——"阿波罗"计划，宣布10年后将人类送上月球。而苏联1964年才推出自己的载人登月计划，美国终于领先了半步。为了配合"阿波罗"计划，美国先后发射了9个"徘徊者号"和7个"勘测者号"月球探测器。

在随后几年，苏联在月球探测方面仍然占有优势：1966年苏联的"月球9号"成为第一个在月球上成功软着陆的探测器，之后"月球10号"又是人类第一个环月探测器。

1967年，美国造出了史上最强火箭——"土星5号"，"阿波罗"计划取得了决定性优势，而苏联用于登月的火箭——"能源号"，却在随后的日子里历尽坎坷，连续四次试验失败，苏联不得不黯然退出载人登月竞赛。1969年7月16日，美国发射"阿波罗11号"载人飞船，第一次把人类送上月球。格林尼治时间7月21日2时56分，航天员尼尔·奥尔登·阿姆斯特朗左脚踏到月球上，成为世界上第一个踏上月球的人（图10-1），并留下了一句广为流传的名言：这是我个人的一小步，却是人类的一大步。

登月的成功意味着美国赢得了月球竞赛的胜利，"阿波罗"计划奠定了美国在太空领域的霸主地位，登月成功理应被所有的人铭记，这是人类

①1971年2月9日，47岁的艾伦·谢泼德第二次进入太空，执行"阿波罗14号"任务，成功实施了历史上第二次登月。在月球表面，尽管厚重的航天服和手套很不方便，但谢泼德还是打了两杆高尔夫球，成为唯一在月球上打高尔夫球的人。

图 10-1 "阿波罗 11 号"航天员登月

文明的一件大事：人类第一次离开自己的家园——地球，踏上另外一个陌生而又熟悉的天体，这是 20 世纪人类工程能力、组织能力的巅峰。

登月的代价极其昂贵，"阿波罗"计划的投入足够当时美国将其航空母舰编队的数量翻倍。扳回一城的美国人随后中止了登月活动，取消了"阿波罗 18 号"到"阿波罗 20 号"的任务，将资金投入行星探测与航天飞机任务中。毫无疑问，在人类短暂的航天史上，阿姆斯特朗踏上月球那一刻成为探索太空的一个标志、一个顶峰。

冷战结束后，月球探测竞赛不再像美苏那样剑拔弩张，然而并未结束，欧洲、日本、印度与中国也纷纷加入。2012 年 9 月 19 日，"嫦娥三号"探测器在月球表面软着陆成功（图 10-2），中国比随后的竞争者领先一步。

继"嫦娥三号"之后，截至 2020 年，我国正在进行的月球探测任务还包括"嫦娥四号"与"嫦娥五号"。"嫦娥四号"是世界首个在月球背面软着陆和巡视探测的航天器。

2018 年 5 月 21 日，"嫦娥四号"任务的中继星"鹊桥"成功发射，在地月第二拉格朗日点①架起了地球与月球背面"嫦娥四号"沟通的桥梁，能够将"嫦娥四号"的数据传回地面。2018 年 12 月 8 日，"嫦娥四号"探测器在中国西昌卫星发射中心成功发射。2019 年 1 月 3 日，"嫦娥四号"着陆于月球背面南极的艾特肯盆地冯·卡门撞击坑附近。"嫦娥四号"的数据可以帮助科学家更好地理解组成月球的岩层，同时月球背面的电磁环境非常干净，是天文学家梦寐以求的开展低频射电研究的天然理想场所，

---

① 拉格朗日点，又称平动点，在天体力学中是限制性三体问题的 5 个特解。一个小物体在两个大物体的引力作用下，在空间中某点处相对于两个大物体基本保持静止。在每个由两大天体构成的系统中，按推论有 5 个拉格朗日点（L1 ～ L5），但只有两个是稳定的，即小物体在该点处即使受外界引力的扰动，仍然有保持在原来位置处的倾向。拉格朗日点的前三个（L1、L2、L3）由瑞士数学家莱昂哈德·欧拉（Leonhard Euler）于 1767 年推算得出，后两个（L4、L5）由法国数学家约瑟夫-路易斯·拉格朗日（Joseph-Louis Lagrange）于 1772 年推导证明。

图 10-2 "嫦娥三号"着陆器与"玉兔"月球车互拍照片

"嫦娥四号"任务也将在低频射电领域取得丰硕的成果。

2021 年 2 月 19 日，"嫦娥四号"着陆器和"玉兔二号"月球车完成了第 27 月昼工作，进入月夜休眠，至此，"嫦娥四号"已在月面工作 778 个地球日，"玉兔二号"月球车累积行驶里程达 652.62 米，状态良好，能量平衡，各科学载荷工作正常。基于第一手的科学探测数据持续产出，深入揭示了月球背面的各类科学问题。

2020 年 11 月 24 日，"嫦娥五号"探测器在"长征五号"火箭的托举下一飞冲天，筑起了中国航天史上"九天揽月"的历史丰碑。2020 年 12 月 17 日凌晨，"嫦娥五号"返回器携带月壤返回地球，按照预定方案着陆在我国内蒙古自治区四子王旗着陆场，成为继美国"阿波罗"计划后再次将月球土壤带回地球的探测器，而轨道器则继续开展拓展任务，启程飞往距离地球约 150 万千米的拉格朗日 L1 点。"嫦娥五号"任务的成功，标志着中国探月工程"绕、落、回"三步走的收官之战取得了圆满胜利，是由中国人书写的人类探月历史新篇章，为中国的载人登月任务奠定了基础。

2020 年 11 月 25 日，在中国海南文昌举行的国际航空航天论坛上，国家航天局表示，后续中国将陆续实施"嫦娥六号""嫦娥七号""嫦娥八号"等任务，同时还规划建设国际月球科研站。未来中国还将实施小天体探测、火星采样返回、木星系及行星际穿越探测任务。

（二）坎坷的火星征程

可以说，火星是人类目前最感兴趣的行星。在太阳系除地球以外的几个行星中，水星距离太阳太近且没有大气；金星表面环境过于严酷，几乎可以比拟炼钢炉；木星、土星、天王星、海王星等巨行星距离太阳过于遥远，十分寒冷。以上这些行星几乎不可能孕育生命，相比而言，火星上有大气、温度相对适宜，且不排除有水的可能，较为适宜生命的存活。

人类的火星征程异常坎坷，1960 年 10 月 10 日，距离第一次拜访月球的"月球 1 号"发射不足 20 个月，苏联在火星征程中再次先发制人，发射了第一颗火星探测器，然而苏联的前五次（也是人类的前五次）火星探测任务均以失败告终。在火星探测方面，美国也没有很幸运，1964 年 12 月，美国的第一颗火星探测器"水手 3 号"（Mariner 3）也偏离了轨道。

在连续六次失败之后，第七次的拜访，人类终于得到"战神"[①]的青睐。1965 年 7 月 14 日，"水手 4 号"在距火星表面 9800 千米上空掠过，并首次传回了火星的照片。随后美国继续发射了"水手 5 号"和"水手 6 号"，积累了更多的数据。而苏联仍然没有扭转局面，1969 年发射的两颗火星探测器均爆炸。

1971 年，美国发射了"水手 8 号"和"水手 9 号"，其中"水手 8 号"任务失败，"水手 9 号"成为第一个成功环绕火星的探测器，并对火星表面开展了详细的探测；同年，苏联屡败屡战，发射了 3 个火星探测器："宇宙 419 号"（KOCMOC 419）错过点火时机未能奔赴火星；"火星 2 号"（Mars 2）的轨道器终于成功地进入火星轨道；"火星 3 号"成为人类第一个成功着陆火星的探测器，然而仅仅工作了 20 秒便与地球失去了联系。此后，美国又发射了"海盗 1 号"（Viking 1）与"海盗 2 号"（Viking 2），并成功着陆火星，获得了大量科学数据，而苏联的噩运却还没有结束，在解体之前，继续发射的 6 颗火星探测器均没有达到预期目标。

20 世纪 90 年代，火星探测任务的失败率仍居高不下：俄罗斯的"火星 96 号"、日本的"希望号"及美国的"火星观察者"、"火星气候轨道器"、"火星极地登陆者"和"深空 2 号"均以失败告终。成功的火星探测任务包括 1996 年美国发射的"火星全球勘测者"和"火星探路者"，而"火星探路者"携带的"索杰纳号"火星车成为人类第一辆登陆火星的火星车。

---

① 火星英文 Mars，是希腊神话中"战神"的意思。

21 世纪以来，火星探测取得极大的进展，美国成功发射了"火星奥德赛号"、"火星探测漫游者"（包含"勇气号"与"机遇号"火星车）、"火星勘测轨道飞行器"、"凤凰号"火星探测器及"好奇号"火星探测器。而欧洲的"火星快车"任务也取得了部分成功：轨道器成功进入火星轨道，但"猎兔犬号"火星车却与地球失去了联系。2013 年印度也加入火星探测的行列，其"曼加里安号"火星探测器于 2014 年成功抵达环绕火星轨道。2021 年 2 月，阿联酋的"希望号"和中国的"天问一号"先后成功进入环绕火星的轨道，美国的"毅力号"火星车也成功着陆于耶泽罗撞击坑附近，火星探测迎来了新一轮热潮。

自 20 世纪以来，人类成功发射了多颗火星探测器，这些探测器为人类提供了大量的火星探测数据。然而火星上是否存在水、是否存在生命，仍然需要进一步探索。目前火星探测任务的失败率仍然很高，至今人类 30 余次的火星探测任务仅有 1/3 达到了预期目标，人类何时能够登陆火星，何时能够在火星上居住，对这些问题的回答或许还需要航天人几十年到上百年的努力。

（三）飞往水星的信使

从直线距离来看，水星距离地球很近，看起来似乎探测器借着太阳引力可以"顺水推舟"抵达水星，不需要消耗太多燃料，然而事实正好相反，探测器到达水星所需的燃料甚至超过了探测一些太阳系外巨行星所需要的燃料。同时，水星距离太阳很近，探测器的防热设计也是一个大问题。抵达水星并不容易，探测水星更是一个巨大的难题。

1973 年 11 月 3 日，美国发射了人类第一颗水星探测器——"水手 10 号"。特别值得一提的是，"水手 10 号"也是第一次利用行星借力（也就是通常所说的引力弹弓，探测器通过飞越行星，大幅度节省达到目标所需的能量）的航天器，"水手 10 号"借助金星引力，降低了自身与太阳的相对速度，接着依靠太阳引力，到达水星轨道附近，完成了对水星的飞越探测。这次任务取得了极大的成功。1974 年 3 月 29 日，"水手 10 号"首次近距离飞掠水星，当时距离水星表面为 700 千米左右，1975 年 3 月 16 日，再次飞掠，最近距离仅有 300 千米左右，这与它上亿千米的旅程比起来，简直精准到不可思议。

在有限的探测时间内，"水手 10 号"利用携带的相机拍下了约 2800 张（约占水星表面的 40%）水星照片，这是人类第一次清楚地看到水星的表面。"水手 10 号"利用辐射仪发现了水星表面向阳面和背阴面存在巨大温差，周围几乎没有磁场，大气层也极其稀薄，表面是一片不毛之地。

2004 年 8 月 3 日，由 NASA 研制的"信使号"（Messenger）水星探

延伸阅读

行 星 借 力

航天器在太空中如果需要改变自己的速度，无论是增大、减小还是改变方向，均需要消耗燃料，而燃料消耗量与速度改变量 ΔV，也就是航天器总速度变化量成正比。行星借力正是利用行星引力改变航天器的速度，大幅度减少燃料消耗，因此又称为引力助推或引力"弹弓"效应。

行星借力原理上十分简单，我们可以把航天器想象成是一个乒乓球，而行星则是一个球拍，当乒乓球飞向静止的球拍时，反弹速度是相同的（考虑弹性碰撞的情况）。但如果球拍向着来球方向移动，那么乒乓球与球拍相撞后反弹回来的速度就会改变。利用乒乓球与球拍不同的速度方向，可以实现航天器加速与减速。

不同任务中，行星借力目标不同，如航天器飞往太阳系外围任务中，行星借力的主要目的是增加航天器速度，使航天器有足够的动能克服太阳引力。而水星探测任务中，行星借力的主要目的是降低航天器速度，使航天器能够进入环绕水星的轨道。

测器发射升空，耗时6年半、飞行79亿千米，于2011年3月进入水星轨道。为了能够环绕水星，"信使号"必须不断借助金星和地球的引力影响，改变飞行的速度大小和方向，相当于蹦床时为了达到某个点而花费很长时间不断蓄势。为了减少燃料消耗，降低速度进入水星环绕轨道，"信使号"使用了6次行星借力，一步一步调整轨道，才最终实现环绕水星。

"信使号"环绕水星运行期间做了大量有价值的工作。它绘制了非常详细的水星全球地图、高程图，从地貌甚至可以反推出水星曾经的地质运动，如火山喷发痕迹。"信使号"还研究了水星的磁场和大气变化，不过水星的磁场和大气相对于地球而言微弱到几乎可以忽略不计。让人惊喜的是，"信使号"发现水星极其稀薄的大气中竟然存在一定的水蒸气，而在北极附近的撞击坑中，还出现了有机化合物和水存在的证据，但这距离发现生命还很遥远。"信使号"探测器围绕水星运行了近4年之后，燃料耗尽，最终以撞击水星的方式结束了探测使命，在水星北极附近留下了一个直径大约15米的撞击坑。

2018年10月20日，欧洲"阿丽亚娜–5"火箭发射了由欧洲和日本联合研制的"贝皮·科伦布"[①]水星探测器。"贝皮·科伦布"包含两颗轨道器，即ESA的水星行星轨道器（Mercury Planetary Orbiter，MPO）和JAXA的水星磁层轨道器（Mercury Magnetospheric Orbiter，MMO）。"贝皮·科伦布"预计需要花费7年时间，1次飞过地球，2次飞过金星，5次飞过水星，逐渐调整轨道才有可能在2025年抵达水星这个看似不远的邻居，整个过程的难度可想而知。在抵达水星轨道后，"贝皮·科伦布"将会一分为二，展开为期一年的水星探测活动。MPO重点进行水星全球勘探，利用多个波长观测水星地质地貌，甚至可以研究浅层地表。这将帮

---

① 贝皮·科伦布（BepiColombo），20世纪意大利科学家及工程师，他开发了使用行星引力来操纵卫星的技术。

助科学家研究水星曾经的历史，甚至可以找出太阳和它共同演化的过程，毕竟水星是距离太阳最近的行星，它一定保留了太阳系早期演化的更多痕迹。MMO 则主要研究水星极其微弱的磁场以及受太阳风影响产生的磁层，水星的磁场产生机制和演化规律也是人类尚未完全确定的谜之所在。"贝皮·科伦布"将完成对水星迄今最广泛和最详尽的研究，有望获得重大发现。

（四）"旅行者"的远征

如果要问人类探测太空的步伐最远到了哪里，看看"旅行者1号"就知道了，截至 2020 年 3 月，"旅行者1号"已经到达了 148 个天文单位以外，还在以每年 3.6 个天文单位的速度远离地球。"旅行者1号"到底离地球多远呢？如果"旅行者1号"向地球发送一束电磁波，那么，这束电磁波 20 个小时之后才能到达地球。

"旅行者号"最初的目的是验证行星借力技术，恰逢 1977 年是 176 年一遇的行星排列，一颗探测器即可完成对木星、土星、天王星与海王星的飞越探测。为了充分利用有利条件，"旅行者1号"与"旅行者2号"任务应运而生。

1977 年 8 月 20 日，"旅行者2号"率先发射，同年 9 月 5 日"旅行者1号"顺利升空。1979 年 1 月，"旅行者1号"抵达了木星，进行木星借力，1979 年 7 月，"旅行者2号"也抵达了木星。两颗探测器趁此机会开展了木星探测，对木星的磁场、辐射环境、卫星等开展了探测，观察到木卫一的火山活动，揭示了木星大红斑的秘密，还发现木星赤道上也有一个暗淡的光环。

1980 年 11 月，"旅行者1号"借力土星之后，结束对行星的造访，高速飞向太阳系边界。1981 年 8 月，"旅行者2号"也来到了土星附近，对土星的大气层上部进行了探测，收集了土星大气的温度及密度等资料。此后"旅行者 2 号"继续它的大行星之旅，并于 1986 年 1 月 24 日造访了天王星，发现了天王星 10 余颗卫星，且发现了天王星具有磁场与辐射带。1989 年 8 月 25 日，"旅行者 2 号"抵达了海王星，完成了人类对太阳系最后一个大行星的探测（除去已经被降级为矮行星的冥王星），随后"旅行者 2 号"也飞向太阳系边界。

2011 年 2 月，"旅行者 1 号"观察到太阳风开始出现停滞。2013 年 9 月 12 日，NASA 证实"旅行者 1 号"探测器已经成功穿越日球层顶，抵达星际空间。

"旅行者 1 号"和"旅行者 2 号"还携带了人类的礼物：两张铜质磁盘唱片。这两张 12 英寸①的镀金铜唱片里有来自 55 种语言的问候语和来自不同文化与时代背景的音乐样本。另外，唱片上还储存有 115 幅影像，包括太阳系各行星的图片、人类的器官图像及说明等，这些数据旨在向未知的"行星人"表达人类的问候。唱片的铝封套是用来保护唱片免受微流星体轰击的，同时还有提示发现者播放唱片的目的。由于担心铝封套外表面的图解内容被侵蚀，所以封套内外都绘制了解释图表。这两张唱片表面镀金，内藏金刚石留声机针，这意味着即使是 10 亿年之后，这两张唱片的音质依然和新的一样。另外，唱片封套上还包含一块高纯度的铀 -238。由于铀 -238 的半衰期②约为 41.7 亿年，这样获得此唱片的外星生命即可据此推算出"旅行者号"探测器的发射日期（图 10-3）。

55 种语言中包括了古代美索不达米亚的阿卡德语等非常冷僻的语言，以及四种中国的语言（普通话、闽南语、粤语、吴语）。

各种问候语的表述语句全部不一样。

时任联合国秘书长库尔特·瓦尔德海姆（Kurt Waldheim）和时任美国

---

① 1 英寸 =2.54 厘米。
② 即铀 -238 的原子核有半数发生衰变时所需的时间。

"旅行者号"镀金唱片

图 10-3　工作人员正在检查"旅行者号"镀金唱片的母盘

总统吉米·卡特（Jimmy Carter）也送上了问候。卡特总统的问候内容是：这是一份来自一个遥远的小小世界的礼物。上面记载着我们的声音、我们的科学、我们的影像、我们的音乐、我们的思想和感情。我们正努力跨过我们的时代，进入你们的时代。

唱片内还包含一个 90 分钟的声乐集锦，主要有地球自然界的各种声音及 27 首世界名曲，其中有中国京剧和古曲《高山流水》、莫扎特的《魔笛》和日本的尺八^①曲等。

两张相同的唱片被分别放在了"旅行者 1 号"和"旅行者 2 号"上，地球的故事就这样被它们带入了宇宙深处。

（五）夸父逐日

"太阳神号"探测器（Helios Probe）主要用来研究太阳、太阳－行星关系和水星轨道以内的近日行星际空间，探测太阳风、行星际磁场、宇宙线、微流星体等，包括"太阳神–A"(Helios A）和"太阳神–B"(Helios B）两颗姊妹探测器。"太阳神号"探测器能够承受很高的太阳辐射热负荷：天线系统抛物面反射器的温度达到 400 摄氏度；太阳电池在 128 摄氏度时仍能正常工作。"太阳神号"是由联邦德国和 NASA 联合研制的，"太阳神–A"和"太阳神–B"分别于 1974 年 12 月 10 日和 1976 年 1 月 15 日在美国佛罗里达州卡纳维拉尔角的肯尼迪航天中心发射升空。

"太阳神–B"探测器于 1976 年 4 月 17 日抵达拱点^②，创造了距太阳表面 0.29 个天文单位（约 4343.2 万千米）的近距离纪录。"太阳神号"在 20 世纪 80 年代初完成了它们的主要任务，直到 1985 年还在向地球传输数据。现今"太阳神号"探测器已经不再工作了，但仍停留在绕太阳运行

---

① 尺八是日本竖笛的代表，普通尺八长约一尺八寸，故名"尺八"。
② 拱点是指在椭圆轨道上运行的天体最接近或最远离它的引力中心的点，此处指近日点。

的椭圆轨道中。

美国的"先驱者 10 号""先驱者 11 号""旅行者 1 号""旅行者 2 号"也都肩负着观测太阳的使命。1990 年 11 月，美国"尤利西斯号"（Ulysses）太阳探测器由"发现号"航天飞机送入太空，这个重 385 千克、用钚核反应堆做动力的探测器 4 年后飞抵太阳南极并环绕太阳飞行，第一次全方位地观测了太阳。设计寿命仅为 5 年的"尤利西斯号"在服役 17 年之后，由于燃料冻结停止了工作。

2018 年 8 月，NASA 发射了"帕克太阳探测器"（Parker Solar Probe），2018 年 10 月 29 日，"帕克太阳探测器"在距离太阳表面约 4272 万千米处飞过，打破了"太阳神 –B"探测器于 1976 年创下的纪录，成为有史以来最接近太阳的人造物体。2020 年 1 月 29 日，"帕克太阳探测器"完成了第四次近日飞行，它距离太阳表面最近约 1867 万千米，在前所未有的近距离上对日冕活动进行了观测，为人类理解太阳风的起源和高能粒子物理学提供了最新数据。

（六）其他任务

除了各个大行星外，太阳系天体还包括矮行星、彗星、小行星，人类并未遗忘这些天体。

2006 年 1 月 19 日，"新地平线号"发射升空，主要目标是冥王星及"卡戎"（冥卫一）与柯伊伯带天体。"新地平线号"是人类迄今发射的起始速度最快的航天器，于 2015 年 7 月 14 日飞掠冥王星，直奔柯伊伯带而去。随后，"新地平线号"把目标锁定在编号为 2014 MU69 的柯伊伯带小天体，一颗昵称为"天涯海角"（Ultima Thule）的小行星。2019 年 1 月 1 日，"新地平线号"以每小时约 5 万千米的速度从距离"天涯海角"仅 3500 千米处飞过，飞向太阳系的边缘，向着更远的世界展开探索。此时，"天涯海角"距离太阳大约 65 亿千米，比冥王星还远约 16 亿千米。此次飞越是人类探测器第一次近距离观测柯伊伯带小天体。

然而，"新地平线号"并非第一个造访矮行星的探测器，比其稍早的美国"黎明号"探测器于 2015 年 3 月 7 日率先抵达了谷神星，成为第一个探访矮行星的探测器。与冥王星相同，谷神星也是在 2006 年的国际天文学联合会大会上被定义为矮行星的，在此之前谷神星一直被认为是最大的小行星。

对彗星的探测始于 20 世纪 80 年代，苏联发射了"维加 1 号""维加 2 号"，ESA 发射了"乔托号"，日本发射了"彗星号"（又称"行星 –A"）和"先驱号"，美国发射了"国际彗星探险者号"。这 6 颗探测器对 1986 年回归近日点的哈雷彗星进行了联合观测，当时人们称其为"哈雷舰队"。之后典型的彗星探测任务还包括以收集彗尾尘埃为目标的"星尘号"、首次高速撞击彗星的"深度撞击号"，最值得一提的是欧洲的"罗塞塔号"，它是人类首颗进入彗星轨道，并在彗星表面着陆的探测器。

罗塞塔原是指一块石碑，上面镌刻了三段分别用古埃及象形文字、通俗体文字和希腊文字书写的内容。罗塞塔石碑的发现成为古埃及象形文字解读的关键，为历史学家打开了通向古埃及历史文明的大门。欧洲的科学家对彗星探测任务抱以厚望，希望能够得到彗星保存了数十亿年之久的太阳系原初信息，了解太阳系的起源与演化。

2004 年 3 月 2 日"罗塞塔号"发射，经过 10 年 64 亿千米的长途跋涉后，"罗塞塔号"于 2014 年 8 月 6 日进入 67P/ 丘留莫夫 – 格拉西缅科彗星的轨道，在环绕该彗星同轨道运行 3 个多月后，"罗塞塔号"向彗星投放了"菲莱"着陆器。"菲莱"虽然成功在彗星表面着陆，然而运气不佳，卡在了彗星上的悬崖缝隙里——既无法得到阳光，又无法依靠自身力量离开，最终"菲莱"在工作 57 个小时后便耗尽电量，进入了永久的休眠。

根据"罗塞塔号"拍摄到的 67P/ 丘留莫夫 – 格拉西缅科彗星形状与

地貌，科学家推断该彗星可能是由两颗彗星相撞形成的，"罗塞塔号"还测量了该彗星上的氘氢比，发现与地球上水的氘氢比有较大差距，说明地球上水的来源与该彗星上水的来源有所不同。

与彗星类似，小行星也被认为包含太阳系起源与演化过程中最原始的信息。小行星约在 46 亿年前与太阳同时诞生，与地球不同，小行星表面岩石未经历过复杂的地质过程，尚保留着太阳系形成时的信息，是太阳系演化的"化石"。探测小行星，可为太阳系起源与演化、水的来源、生命起源等重大科学问题提供线索。

人类首次小行星探测由"伽利略号"探测器完成，"伽利略号"在抵达木星之前对 951 号小行星"加斯帕"（Gaspra）进行了飞越探测。1996 年，NASA 发射了首个专门的小行星探测器——"近地小行星交会"（Near Earth Asteroid Rendezvous，NEAR），并于 2000～2001 年对"爱神星"（Eros）进行了全面而细致的探测。

中国的首次小行星飞越观测由"嫦娥二号"探测器完成。"嫦娥二号"探测器圆满完成探月任务后，利用富余的燃料转移到地月第二个拉格朗日点，并继续飞往 4179 号小行星"图塔蒂斯"，在国际上创造了距离小行星千米级飞越的最近纪录，同时也使中国成为继美国、欧洲、日本之后第 4 个实施小行星探测的国家（地区）。2019 年 4 月，国家航天局首次发布了《小行星探测任务有效载荷和搭载项目机遇公告》，公布了中国的小行星探测计划，将发射一颗探测器环绕近地小行星 2016HO3 飞行，择机附着于小行星表面，采集小行星样品，返回地球附近释放返回舱，将样品送回地球。随后，探测器将继续飞行，借助地球和火星引力到达主小行星带，对主带彗星 133P 开展原位探测。小行星 2016HO3 直径为 40 ～ 100 米，光谱类别不详，密度约为每立方厘米 2.7 克，是离地球较近、轨道相对稳定的一颗"地球准卫星"。彗星 133P 是在主小行星带中发现的第一颗主带彗星，同时具备小行星的轨道特性和彗星的活动特性，其彗核的最大直径约为 5.4 千米，密度约为每立方厘米 1.4 克。主带彗星是近年发现的太阳系小天体家族中的新种类。

目前在人类完成的为数不多的小行星探测任务中，最有代表性的属日本于 2003 年发射的"隼鸟 1 号"。"隼鸟 1 号"第一次为人类采集到 25143 号小行星"丝川"的样本，并携带样本返回地球。"隼鸟 1 号"的任务可谓一波三折，先后经历了发动机故障、投放探测机器人"智慧女神号"失败、燃料泄漏、姿态失控、通信中断、错过返回窗口并延迟了三年才返回地球、电池组失效、燃料不足与离子推力器故障等问题，但"隼鸟 1 号"还是克服了重重困难，于 2010 年将约 1500 个颗粒的微量样本带回地球。

"隼鸟 1 号"为小行星采样返回任务完成了技术验证，2014 年，JAXA 发射了"隼鸟 2 号"，开启了对 162173 号小行星"龙宫"的探测旅程。与"丝川"不同，"龙宫"极有可能存在水和有机物。"隼鸟 2 号"首次尝试对小行星的地下物质进行取样，还在"龙宫"上投放小型着陆机"密涅瓦 2 号"，弥补"智慧女神号"的缺憾。2018 年 6 月，"隼鸟 2 号"成功与"龙宫"交会，2019 年 2 月和 7 月成功着陆于"龙宫"表面，并采集了岩石样本。2020 年 12 月 6 日"隼鸟 2 号"返回舱携带着"龙宫"样本成功返回了地球，着陆于澳大利亚南部。

发射于 2016 年 9 月 8 日的 NASA 的首个小行星采样探测器"冥王号"（OSIRIS-REx），经过长达两年多的旅程，于 2018 年 12 月正式抵达了目标小行星"贝努"（Bennu）。这颗探测器的全称是 Origins，Spectral Interpretation，Resource Identification，Security，Regolith Explorer，意思是太阳系起源、光谱解析、资源识别、安全保障和小行星风化层探索者，缩写为 OSIRIS-Rex，其中 OSIRIS 是埃及神话中的神祇俄西里斯，他有双重身份，既是传播农业知识的丰饶之神（象征小行星采样返回任务可以告诉人们关于生命起源的信息），也是冥界之王（象征小行星撞击的毁灭性），"冥王号"由此得名。"贝努"是碳质（C型）小行星，直径约500米，表面凹凸不平，含有大量碳类矿物，物质保持比较完整，是太阳系早期的残留物。据科学家估计，"贝努"形成于45亿～46亿年前，同时根据轨道测算，"贝努"在22世纪有1/2700的概率撞击地球，所以被称为"末日小行星"。"冥王号"于北京时间2020年10月21日对"贝努"成功实施了一次"一触即走"式的采样行动，机械臂表面采样过程仅历时大约6秒钟，采集了大约400克样本，并计划于2023年9月携带样本返回地球。

"罗塞塔号""隼鸟1号"的经历挫折重重，跌宕起伏，然而要解析宇宙的奥秘，我们还需要更多的探测任务，更加全面地对彗星、小行星及柯伊伯带小天体开展探测，获得更多信息。除了对科学探索的重要意义外，小行星还蕴含着丰富的资源，等着人类去开发和利用。

二、太空，我来了

（一）太空先锋

人类的探测器已经遍及太阳系的八大行星，并向着太阳系外进军，但是，有什么比得上人类自己亲临太空并漫步宇宙呢？我们是大地的生命，终日埋头工作，但我们都有一颗飞翔的心，渴望摆脱地球引力的束缚，在广阔的天空、浩瀚的宇宙中自由地遨游。

这个梦想在20世纪终于得以实现。1903年，莱特兄弟驾着飞机离开了地面；1961年，加加林乘坐"东方1号"飞船首次进入太空；1969年，阿姆斯特朗乘坐"阿波罗11号"飞船登上月球；2003年，中国的第一位航天员杨利伟乘坐"神舟五号"飞船进入太空……未来的某一天，也许人人都能登上太空，一览宇宙奇观。

除了实现飞天的梦想外，载人航天还有着更为实际的意义：载人航天将扩展人类的活动范围，为人类进一步开发、利用空间资源奠定基础，对国家的政治、经济和科技等方面的发展都有重要的战略意义。目前，仅有美国、俄罗斯和中国具备将人送上太空的实力。美国、苏联在冷战期间就分别将人送上太空，成为该领域的先行者，我国作为追赶者，坚持独立发展，逐步跟上世界先进水平。

然而，严格来说，第一批真正的航天员并不是人类，而是动物，它们充当了飞向太空的先遣队。受火箭载重影响，太空舱较为狭窄，体型小、环境适应能力强的动物更适合作为太空探索的先锋。

早在1948年，美国就使用"V-2"火箭将猕猴艾伯特一世发射升空，不幸的是，猕猴在空中窒息死亡。

无独有偶，美国曾将一只叫波尼的猕猴送上太空，经过8天的太空飞行，波尼返回地球后却不治而亡，科学家发现，波尼身体并无大碍，死亡的主要原因是孤独。人们也逐渐认识到，要承受太空中特殊的环境与巨大的孤独，动物的心理素质要比身体素质更加重要。

1959年，猕猴艾布尔和松鼠猴贝克尔搭乘"朱庇特号"火箭飞到了距地球480千米的太空中，并安全返回地球，成为第一批活着回来的"航天员"。更值得称道的是，1961年1月31日，美国黑猩猩哈姆被送入太空，同时它还带有一项特殊的任务：看到仪表盘上闪蓝光时扳动拉杆。最终，哈姆圆满完成任务，控制太空舱成功地降落在海上。

相比于美国喜欢选择猴子作为"航天员"，苏联更青睐小狗。1957年11月3日，苏联将小狗莱卡送上太空，科学家在莱卡的身体上安装了感应器，用来监测它的呼吸和心跳，并把莱卡放进了专门为它设计的加压密封舱内，密封舱固定在火箭的头部，内部安装有一个摄像头。关于莱卡的命运，苏联公布的官方版本是：莱卡完成了长达一周的飞行任务，到达离地球1600千米的高处；按照计划，它在吃了最后一顿含有剧毒的晚餐后安静地死去。然而2002年，曾参与苏联人造卫星发射过程的俄罗斯科学院生物医学问题研究所（Institute of Biomedical Problems，IBMP）科学家迪米特里·马拉申科夫（Dimitri Malashenkov）宣布了一个令人吃惊的消息：莱卡根本没有像苏联官方声称的那样活了那么久，事实上，它飞上太空没几个小时，就死于惊吓和高温。卫星发射后不久，绑在莱卡脖子上的医学传感器传回地面的数据显示，莱卡的心率达到平日的 3 倍。传感器的压力指标等数据都显示出，在生命的最后阶段，小狗莱卡承受着巨大的痛苦。原来，莱卡虽然能够承受火箭发射后的严酷环境，却死于惊吓和"中暑"衰竭（因航天服隔热不佳而成为"热狗"）。尽管莱卡在太空只生存了几个小时，然而，它短暂的太空旅程证明了哺乳动物一定程度上能够承受火箭发射后的严酷环境，为后来的载人飞行铺平了道路。

我国第一批"航天员"也选择了小狗，早在 1966 年，经过严格的遴选与训练，我国通过探空火箭将质量约 6 千克的"小豹"与"珊珊"分别送到距离地面 70 千米高的天空并成功返回。动物"航天员"为科学家提供的宝贵经验，证明了人类进入太空的可能，降低了人类进入太空的代价，为人类挑战太空奠定了基础。

有了动物先驱们的多次探索经验，人类终于成功飞上太空，登上月球，甚至走出载人飞船在太空中自由漫步。1965 年 3 月 18 日，苏联航天员阿列克谢·列昂诺夫（Alexei Leonov）离开载人飞船，在太空中行走了 12 分钟，成为历史上首位实现太空行走的航天员。我国的首次太空行走则在"神舟七号"任务中，由航天员翟志刚完成。最著名的太空行走任务是对哈勃空间望远镜的维修——航天员通过多次太空行走，最终修好了光学系统出现偏差的哈勃空间望远镜。

虽然动物们充当了太空先遣队，但人类的征程并不是一帆风顺的，而是充满艰难险阻，先驱们在探索太空的道路上付出了汗水和鲜血的代价。无论是在太空还是地面，无论是航天员还是设计师都遇到过危险。

1961 年 3 月 23 日，苏联航天员瓦伦丁·邦达连科（Valentin Bondarenko）

在训练中因意外发生的火灾而丧生，成为第一名遇难的航天员。1967 年 1 月 27 日，同样因为火灾，美国肯尼迪航天中心 3 名航天员在训练时丧生。1967 年 4 月 23 日，苏联航天员弗拉基米尔·科马罗夫（Vladimir Komarov）上校乘坐"联盟 1 号"飞船返回地面时因飞船降落伞无法打开，在着陆时遇难。1971 年 6 月 30 日，苏联"联盟 11 号"飞船在实施返回舱和轨道舱分离时，返回舱的压力阀门被震开，舱内迅速减压，3 名航天员因急性缺氧、体液沸腾而丧生，这是苏联载人航天活动中最为悲惨的一次事故。1986 年 1 月 28 日，美国"挑战者号"航天飞机从肯尼迪航天中心升空 72 秒后爆炸，包括一名教师在内的 7 名美国航天员丧生。2003 年 2 月 1 日，"哥伦比亚号"航天飞机在原定降落时间前 16 分钟与地面控制中心失去联络，随后在得克萨斯州中部上空解体，7 名航天员无一生还。

尽管太空之路充满险阻，人类的太空旅行才刚刚起步，短时间内还难以离开太阳系，但是人类骨子里充满着强烈的好奇心与进取心，相信在未来会有更多的人踏上太空之旅。

（二）"礼炮 7 号"空间站

载人航天史上最精彩的一幕莫过于冷战时期的美苏登月竞赛了，经过登月竞赛后，美国如愿以偿地将人送上月球，但耗费巨大，之后将精力转向了当时认为会降低航天成本的航天飞机，而苏联则经过"能源号"火箭的失败不得不甘拜下风，同时将精力转向空间站。

1971 年，人类的首个空间站"礼炮 1 号"由苏联发射升空。美国紧随其后，于 1973 年发射了"天空实验室"空间站。我国也于 2011 年和 2016 年分别发射了自己的空间实验室——"天宫一号"和"天宫二号"。

相比其他航天器，空间站设计之初就是为了长时间停留在太空，并供人驻留、实验或居住，必须留出与载人飞船或者航天飞机的对接接口。与载人飞船不同，空间站通常不会设计着陆系统。空间站体积大、系统复杂，可以在微重力环境下开展包括生物学、人体生命学、物理、天文、气象等多种科学实验。

曾经服役的空间站包括苏联的"礼炮1号"至"礼炮7号"、"和平号"，美国的"天空实验室"以及我国的"天宫一号"和"天宫二号"，正在运行的空间站包括多国合作的国际空间站。我国的大型空间站系统将于2022年前后建造完成并开始运营。

"礼炮7号"在1982年4月19日发射升空。由于有了"礼炮1号"至"礼炮6号"的经验，"礼炮7号"在轨前两年万事顺利，共完成了7次载人任务。然而，1985年2月11日，"礼炮7号"的无线电接收机与发射机同时无法工作，彻底与地面失去联系。为了挽救空间站，6月6日，弗拉基米尔·贾尼别科夫（Vladimir Dzhanibekov）和维克托·萨维尼赫（Victor Savinikh）在空间站状态未知的情况下，乘坐"联盟号"飞船开始了拯救空间站的旅程。

到达之后，航天员发现"礼炮7号"太阳翼没有对准太阳，这意味着空间站已经丧失了电力供应，并且持续翻滚，给对接造成很大困难，但幸好翻滚得不快。该任务最大的挑战是"联盟号"如何与失控翻滚的"礼炮7号"空间站对接，航天员在此次任务中完成了一次创举——人类首次与非合作目标完成了对接。实际上在当时地面模拟对接任务全部失败的情况下，航天员匆忙上天有些"壮士一去兮不复还"的意味，然而苏联航天员最终创造了奇迹，完成了此次对接任务。

空间站的情况比预想的更加糟糕，由于水资源不足，航天员只有7天时间来维修空间站，而且空间站内没有电力，十分寒冷，可谓滴水成冰，在这种条件下，航天员开始了拯救行动。一切的核心还是电力，只有恢复了电力供应，才能恢复通信、控制、通风、供水等系统。维修方式堪称"简单粗暴"，但是十分有效，航天员测试了哪些蓄电池可以正常工作后，将能够正常工作的电池挑出来，用电缆直接连接到太阳翼上。完成这项工作后，还需将太阳翼对准太阳才能给电池充电。航天员利用"联盟号"飞船的姿态控制系统带动"礼炮7号"翻滚，手动实现了空间站太阳翼对准太阳。电力系统修复后，其他问题迎刃而解。供水系统的加热器烧坏了，航天员就利用手头物资自己动手做了一个"热得快"来代替。这次成功的拯救行动之后，贾尼别科夫和萨维尼赫均被授予了"国家英雄"的称号。

（三）国际空间站

国际空间站是由NASA、俄罗斯联邦航天局（Russian Federal Space Agency，RFSA，又称PKA或Roskosmos）、JAXA、加拿大航天局（Canadian Space Agency，CSA）和ESA等合作建造的空间站项目。它于1998年开始建造，其后各功能模块被陆续送入轨道装配。国际空间站是目前人类拥有过的规模最大的空间站，其长为108.5米，宽可以达到72.8米，高为20米，总面积略小于一个标准的足球场，重量达到了420吨，内部空间为1200立方米。

国际空间站面积大，距离地面近，是夜空中最亮的人造物体，在晴朗的夜空，我们用肉眼可以直接看到国际空间站。

国际空间站是一个理想的遥感平台，由于航天员的存在，空间站可以根据需要随时调整遥感参数，维修出现故障的遥感设备。同时，国际空间站还可以作为天文观测、空间环境监测的平台。在微重力实验与生物实验方面，国际空间站的作用也是不可替代的，空间中的微重力环境是地面无法模拟的，而国际空间站中的微重力环境好于航天飞机。

国际空间站是一个巨大的项目，截至2018年，总投资已达到1600亿美元以上，其中大部分来自美国。从1998年起，国际空间站已经在轨超过20年，预计可以使用到2028年。

自2011年美国宣布停飞航天飞机以来，国际空间站上的人员接送一直由俄罗斯"联盟号"飞船实际承运，美国为了买"联盟号"的船票花了不少钱，因此 NASA 已授权 SpaceX 和波音（Boeing）公司研制载人飞船。

2019 年 3 月，SpaceX 的载人"龙"（Dragon）飞船已成功完成首次无人试飞，顺利与国际空间站对接。根据 NASA 官网消息，"龙"飞船已于 2020 年 5 月开展了首次载人航天任务，将两名美国航天员运送至国际空间站。

波音公司的新型载人飞船"星际客机"（Starliner）也于 2019 年 12 月进行了首次无人试飞，原计划为国际空间站运送物资，但遗憾的是，飞船软件出现异常，未能按时到达预定轨道，而且也没有足够燃料抵达国际空间站，不得不提前返回，功败垂成。不过"星际客机"的返航表现还是非常完美的，穿越大气层时它经受住了 1600 摄氏度的高温考验，并顺利展开了 3 个主降落伞进行减速，在落地前还成功激活了安全气囊，为飞船落地提供缓冲保护。

（四）"天宫二号"空间实验室

"天宫二号"于 2016 年 9 月 15 日在中国酒泉卫星发射中心成功发射，是继"天宫一号"后中国自主研发的第二个空间实验室，也是中国第一个真正意义上的空间实验室。"天宫二号"开展了地球观测和空间地球系统科学、空间应用新技术和航天医学等领域的应用与实验，发射时还释放了

延伸阅读

太 空 救 援

近些年来，有关航天主题的大片让人应接不暇，从《地心引力》到《星际穿越》，再到《火星救援》，每部都值得一看，大部分有关航天的电影纯属虚构，而 2018 年在我国上映的俄罗斯电影《太空救援》则是改编自"礼炮 7 号"空间站的真实故事。特别值得一提的是，《太空救援》部分镜头是在真实太空和真实零重力环境中完成取景拍摄的，失重效果异常真实。

伴飞小卫星。

2016 年 10 月 19 日，"神舟十一号"飞船与"天宫二号"自动交会对接成功，航天员景海鹏、陈冬进入"天宫二号"并驻留了 30 天。

2017 年 4 月 20 日，"天舟一号"货运飞船发射，4 月 22 日成功与"天宫二号"对接，并于 4 月 27 日顺利完成对"天宫二号"的首次推进剂在轨补给。"天舟一号"与"天宫二号"先后进行了三次交会对接和三次推进剂在轨补给。2017 年 9 月 17 日，"天舟一号"与"天宫二号"实施分离，"天舟一号"受控离轨，陨落至太平洋预定安全海域。

2019 年 7 月 19 日，"天宫二号"受控离轨并再入大气层，少量残骸落入了南太平洋预定安全海域，圆满完成了中国载人航天工程空间实验室任务。

"天宫二号"是一个小规模的空间实验室，主要是为了开展部分科学实验及技术验证，为大型空间站建设打好基础。未来，在重型火箭技术成熟之后，我国将建设结构更加复杂、功能更加完善的空间站系统。

第十一章

太空发现

随着技术能力的日益提升和进步，人类对宇宙的认知不断加深。在无人航天器领域，我们已经取得了令人兴奋的成就，探索比月球更远的深空也早已不是梦想。从地表发射近地探测器已是家常便饭，各国拥有的在轨航天器达千个以上；人类的探测器已经到达过太阳系的八大行星，以及冥王星和一些矮行星与小行星；飞行最远的人造探测器"旅行者 1 号"更是已经飞出太阳系日球层。然而，受制于飞行速度、燃料、寿命等因素，人类探测器所能到达的距离仍然相当有限，而通过望远镜可以观察更为深远的宇宙。在轨多年的哈勃空间望远镜获得了一大批精彩纷呈的深空图像，大大加深了人类对现有宇宙的认知，但它在服役多年后已接近寿命末期，即将被更先进的詹姆斯·韦伯空间望远镜代替。

在载人航天领域，我们同样正在稳步前行。国际空间站仿佛是一个太空岛屿，使人类在地球以外真正有了可以长期居住的家。得益于"阿波罗"计划，人类甚至曾多次前往月球短暂旅行，月球也是迄今人类唯一印上足迹的地外天体。更加令人心潮澎湃的是，随着 SpaceX 的横空出世，马斯克和他的团队正致力于将人类带往火星，改造火星，使火星成为真正的宜居星球，也使人类成为真正的星际物种。没错，众多不久前还不敢想象的事情，正在真实地发生着。

按离地球的距离划分，我们目前的探测范围大致可分为近地空间、月球、近地行星、远地行星、太阳系边缘及太阳系外。宇宙实在是太广阔了，就连小小的太阳系都让人类至今难以飞越（图 11-1），每向外延伸一步，技术难度都呈指数级增长。在航天科技水平目前能达到的空间范围内，人类已经取得了丰硕的探测成果，取得了许多重大发现。

图 11-1 太阳系各天体轨道半径比例

一、近地空间

在我们探索其他星球前，应当首先了解我们的家园——地球。近地空间一般指距地球海平面100～36 000千米的球壳状区域。事实上，人类在这个区域内几乎无所不能，绝大多数人造航天器几乎都运行于这个区域。对于航天活动来说，近地空间一般也可以定义为航天器绕地球做轨道运动的空间范围。

由于地球熔融的地核及相对较快的自转，发电机效应在地球周围形成了很强的磁场，而发源于太阳的太阳风及宇宙深处的宇宙线粒子与地磁场互相作用，产生了奇妙的物理和光化学过程，使地球和空间环境融为统一体。正是得益于地磁场的屏蔽作用，来自太空的高速带电粒子流在接近地

延伸阅读

地磁反转与生物大灭绝

亿万年前的岩石和数千年前古人类烧制的陶器中记载着古代地磁信息，科学家通过研究这些信息发现，地磁场并非一成不变，而是随着时间推移可以发生磁极倒转，即南磁极和北磁极的对调，该过程磁场强度呈先减弱后增加的趋势。地磁反转时期外核的对流是紊乱的，因此可以说地磁反转是地球的"心跳紊乱"。一般而言，地磁反转平均持续7000多年，最快每隔1万年发生一次，最慢相隔4000万年发生一次，反转期间地磁场强度降低了约90%。另外，科学家发现生物灭绝率和地磁反转率存在很强的相关性，即地磁反转是造成生物大灭绝的重要原因之一，但并不是唯一原因。关于过去曾经发生的五次大灭绝，如恐龙灭绝，当前学术界已普遍认为是多种原因同时作用的结果，包括小行星撞击、火山喷发、地磁倒转……究竟是什么原因造成了地球的"心跳紊乱"？答案仍然有待揭晓。恐龙灭绝的原因和地磁倒转的原因一起被美国《科学》杂志列入了125个最具挑战性的科学问题。

球时会受到磁场力作用而偏离地球，人类才得以安全地生活在地球上，因此，地磁场也被称为地球生命的"保护伞"。

将近地空间进一步划分，可分为中高层大气、电离层、磁层。总体来说，距离地球越近，粒子密度就越大，粒子更容易以气体分子的形式存在；距离地球越远，粒子密度就越小，粒子更容易受到其他粒子撞击而以电离态的形式存在。具体来说，中高层大气主要由中性气体组成，电离层则主要由部分电离的等离子体组成，磁层则主要由稀薄的带电粒子组成。

近地空间一直是空间科学研究的重点，利用高空气球、气象火箭、探空火箭等可以研究中高层大气的组成成分，利用地面雷达台站可以研究电离层的成分及演化过程，利用卫星可以实地观测研究地球磁层的结构和演化等。

近地空间的辐射环境对航天器在轨运行有重要影响，其中，地球辐射带中存在大量高能质子与电子，其与航天器发生作用，产生复杂的辐射效应，可能导致航天器受损甚至彻底失效。

另外，太阳风的作用对地球磁层乃至整个地球空间产生巨大的影响，地球两极的极光现象就是太阳风中的能量粒子和地球磁层相互作用的结果。极光是地球周围的一种大规模放电现象。来自太阳的带电粒子到达地球附近，地磁场会阻止粒子直接进入地球大气中，并迫使其沿磁场线运动。带电粒子首先从磁层顶沿磁场线运动到磁层尾部，再经过磁场重联过程进入磁层内部，经过磁层内部的电流体系和地磁场的作用，集中到南北两极。当它们进入两极的高层大气时，与大气中的原子和分子碰撞并受到激发，产生光芒，形成极光。经常出现的地方是南北纬67度附近的两个环带状区域。

然而，太阳风不仅给地球带来壮丽的极光，还可能给地球带来空间天气灾害。在太阳爆发事件中，日冕物质抛射或耀斑爆发携带了大量高能粒子，若行星际磁场的方向指向南方，那么磁层内的磁场方向与行星际磁场方向相反，并发生磁场重联，就会使太阳风内的能量和物质比较容易进入地球磁层，从而对地球磁层和大气产生剧烈的影响。

二、月球

20 世纪 50 年代，苏联和美国拉开了月球探测的序幕。从 1959 年苏联发射第一颗无人月球探测器到 2019 年，美国 NASA 的"阿波罗"计划是唯一实现载人登月任务的。从 1969 年 7 月"阿波罗 11 号"首次载人登月开始至 1972 年 12 月，人类共 6 次登月成功。"阿波罗 11 号"后，"阿波罗 12 号""阿波罗 14 号""阿波罗 15 号""阿波罗 16 号""阿波罗 17 号"均成功完成了登月任务，每次都有两名航天员登上月球表面，共计 12 名。这些任务总共带回了 380 千克以上的月球岩石和土壤，其中有些被用于研究月球的地质，以了解月球的起源、月球内部结构的形成及月球形成后的历史。

月球是地球唯一的天然卫星，距离地球约 38 万千米，是距离地球最近的天体，月球自转与公转同步（潮汐锁定），因此始终以同一面朝向地球。月球正面充满黑暗的火山熔岩海，中间夹杂着明亮且古老的高地及醒目的陨石坑。研究月球对理解太阳系的形成及演化、地球演化历史等有至关重要的作用。

月球没有大气，地质活动也不剧烈，太阳系早期的一些信息得以保存，而不会像地球一样经过频繁的地质活动和大气剥蚀，导致早期的信息被破坏。例如，通过研究月球陨石坑，可以研究太阳系早期大撞击时期的相关信息。

一般认为，月球没有大气且温差巨大，所以月球上不存在水，但经过科学家数十年的观测研究，已基本确认月球上存在水冰。这些水冰主要分布在月球两极。在两极地区的陨石坑边缘，由于纬度高且有陨石坑遮挡，存在无光照的永久阴影区，水冰主要存在于这些永久阴影区中。月球上水的来源可能有三种：一是来自撞击月球的彗星或小行星；二是撞击事件释放出月球表面下的水；三是携带氢原子的太阳风，氢原子与月球土壤中的氧原子结合后形成水。

月球水冰的存在极大地鼓舞了科学家探测月球的热情，因为若水冰资源足够多且可轻松进行提取，则意味着可以为建立大型有人月球基地提供重要的资源补给。因此，世界各国的后续月球探测计划都瞄准了月球极区，尤其是月球南极。中国探月工程正在进行中，"嫦娥四号"已实现人类首次在月球背面着陆探测，"嫦娥五号"已经圆满完成采样返回任务。2019年，"阿波罗11号"登月50周年之际，NASA公布了重返月球的"阿尔忒弥斯"（Artemis）计划，将在月球表面建立永久基地，并作为中转站进军火星。在目前的外太空条约下，月球依然是所有国家和地区以和平利用为目的而可以自由前往探测的场所。

另外，月球丰富的矿产资源也成为人类探索月球的巨大动力。月球上稀有金属的储藏量比地球上的还多。月球上的岩石主要有三种类型，第一种是富含铁、钛的月海玄武岩；第二种是富含钾、稀土和磷的斜长岩，主要分布在月球高地；第三种是由0.1~1毫米的岩屑颗粒组成的角砾岩。月球富含的氦–3在地球上十分罕见，是一种安全、高效、清洁的新型核聚变燃料，极有可能成为重要的星际旅行燃料，甚至可能改变人类社会的能源结构。经初步估算，月球上氦–3的蕴含量是100万吨，每100吨氦–3提供的能量即可供目前全世界一年的能源消耗。因此，从长远来看，月球将来可以作为燃料补给点，成为人类前往更遥远深空的歇脚点和加油站。

除了矿物资源外，月球还拥有丰富的环境资源，包括大温差环境、真空、低重力、丰富的太阳风和宇宙线等。

我国一直非常重视对月球的探测，并制定了"绕、落、回"三步走策略。探月三期的主要任务是发射"嫦娥五号"探测器，从月球取回月壤样品返回地球供科学家研究，深化对月球和地月系统的起源与演化的认识。2020 年 11 月 24 日，"嫦娥五号"探测器采用"长征五号"火箭发射成功，并于 23 天之后携带大约 1731 克月球样品返回了地球，顺利完成采样返回任务，使中国探月工程"绕、落、回"三步走的战略部署圆满收官。

月球取样返回的一个关键是高速再入返回技术，2014 年，我国利用"嫦娥五号 T1"任务对返回器以接近第二宇宙速度高速进入地球大气层并返回地面的关键技术进行了成功验证。"嫦娥五号 T1"先飞抵月球附近，然后返回地球，最后返回舱采用半弹道跳跃式（图 11-2）以接近第二宇宙速度再入大气层，最终通过伞降形式成功着陆。采用跳跃式返回方式增加了探测器在大气层的"一出一入"，就像打水漂一样，目的是延长探测器在大气层中飞行的航程，消耗探测器的部分动能，从而减缓着陆速度，以便选择降落区。

三、近地行星

近地行星多为固态行星，与地球相似，且距离地球较近，因此，研究近地行星对我们理解地球具有重要的意义。金星有浓密的大气，温室效应使其大气富含酸性物质，因此金星上常下硫酸雨，火星大气却由于年代久远而所剩无几，与金星形成了强烈的对比。它们之中，到底哪个才是我们地球的未来？只有对其进行仔细探测和研究，才能找到最终答案。

（一）金星

金星是距离地球最近的行星，其大小、密度、质量、外表各方面与地球很像，所以探测金星对理解地球演化有重要的意义。从 20 世纪 60 年代起，苏联和美国就对揭开金星的秘密倾注了极大的热情，并展开了激烈的探测竞争。截至 2019 年，人类发往金星或路过金星的各种探测器已经超

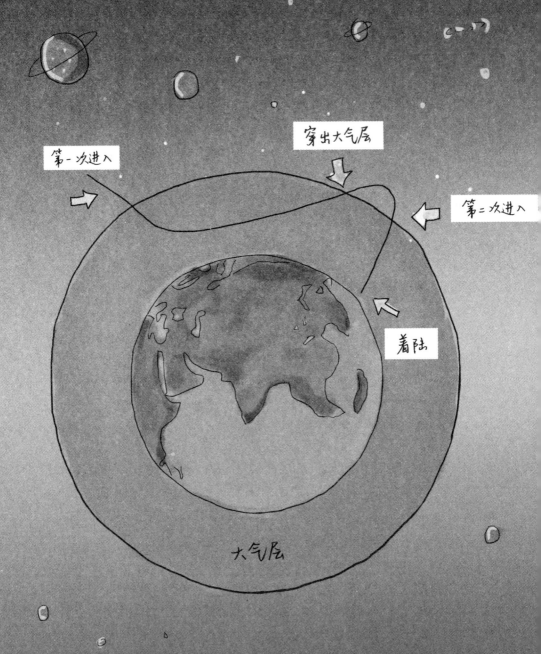

第一次进入

穿出大气层

第二次进入

着陆

大气层

图 11-2　半弹道跳跃式再入大气层示意图

过 40 个，获得了大量有关金星的科学资料。

1967 年 6 月 12 日，苏联成功发射了"金星 4 号"探测器，它向金星释放了一个着陆舱，在它穿过大气层的 94 分钟内，测量了大气温度、压力和化学组成。1970 年 8 月 17 日，"金星 7 号"探测器成功穿过金星的浓云密雾，克服了金星的高温环境，首次实现了金星表面的软着陆。"金星 7 号"探测到金星表面大气压强至少为地球的 90 倍，温度高达 470 摄氏度。1978 年 9 月 14 日发射的"金星 12 号"在下降过程中，探测到金星上空闪电频繁、雷声隆隆，仅从距离金星表面 11 千米下降到 5 千米的这段时间就记录到超过 1000 次闪电。1981 年 10 月 30 日和 11 月 4 日先后上天的"金星 13 号"和"金星 14 号"，其着陆舱携带的自动钻探装置深入金星地表，采集了岩石标本。研究表明，金星上的地质活动仍然很活跃，岩浆里含有水分。在距离表面 30～45 千米的地方有一层像雾一样的硫酸气体，具有很强的腐蚀性。探测表明，金星赤道附近有从东到西的急流，最大风速每秒达 110 米。金星大气有 97% 是二氧化碳，还有少量的氮、氩及一氧化碳和水蒸气。主要由二氧化碳组成的金星大气，好似温室的保护罩一样，只让太阳光的热量进来，不让其热量跑出去，因此形成金星表面的高温和高压环境。1983 年 6 月 2 日和 7 日"金星 15 号"与"金星 16 号"相继发射成功，两者分别于 10 月 10 日和 14 日到达金星附近，探测了金星表面及大气层的情况。探测器上的雷达高度计在围绕金星的轨道上对金星表面进行扫描观测，成功绘制了北纬 30 度以北约 25% 金星表面地形图。1984 年 12 月苏联发射了两颗"维加号"（根据金星和哈雷彗星的俄文缩写命名）探测器，并于 1985 年 6 月与金星相会，向金星释放了浮空探测器（充氦气球）和着陆舱，它们携带的摄像机对金星云层进行了探测，发现金星大气层顶有与自转同向的大气环流，速度每小时高达 320 千米，着陆设备还钻探和分析了金星土壤。两颗"维加号"探测器完成探测金星的任务后，利用金星引力变轨，飞向了哈雷彗星，并于 1986 年 3 月对哈雷彗星进行了考察。

美国于 1962 年 8 月 27 日发射"水手 2 号"探测器，首次测量了金星大气温度，拍摄了金星全景照片。1973 年 11 月 3 日发射"水手 10 号"探测器，从距离金星 5760 千米处飞过，对金星大气进行摄像，发回上千张金星照片。1978 年 5 月 20 日和 8 月 8 日，美国分别发射了"先驱者－金星 1 号"和"先驱者－金星 2 号"。其中"先驱者－金星 1 号"在同年 12 月 4 日顺利到达金星轨道，并环绕金星运行，对金星大气进行了 244 天的观测，考察了金星的云层、大气和电离层，研究了金星表面的磁场，探测了金星大气与太阳风之间的相互作用，还使用雷达测绘了金星表面地形图。"先驱者－金星 2 号"携带的 4 个着陆舱，进入了金星大气层，其中一个着陆舱在着陆后连续工作了 67 分钟，探测到了硫酸雨、闪电等大气现象，以及平原、峡谷等地质构造。1989 年 5 月美国"亚特兰蒂斯号"航天飞机将"麦哲伦号"金星探测器带上太空。"麦哲伦号"是迄今最先进、最成功的金星探测器，装有一套先进的摄像雷达系统，可透过厚厚的云层测绘出金星表面上足球场大小的物体图像，其清晰度是之前所获金星图像的 10 倍。"麦哲伦号"的主要任务是对金星进行地质学和地球物理学探测研究，通过先进的雷达探测技术，研究金星是否具有河床和海洋构造。

由于金星上的严酷环境，用于探测金星的着陆器生存时间极短，因而对金星的探测难度较大，于是金星探测也渐渐淡出了各国的深空探测规划。但金星探测依然有十分重要的科学意义。

（二）火星

火星与太阳的平均距离为 1.52 个天文单位，公转周期为 1.88 年，自转轴倾角为 25.19 度，平均一天为 24 小时 39 分 35 秒。火星具有和地球相似的自转周期、自转轴倾角，且有相似的季节变化，因而被认为是太阳系内与地球最相似的行星，也是最有可能进行星际移民的行星，是行星探测的重中之重。

苏联、俄罗斯、美国、欧洲和日本已发射数十个航天器研究火星表面形貌、地质和气候，包括轨道卫星、着陆器和漫游车。但美国是目前唯一成功登陆过火星的国家，也是火星探测中最成功的国家。

1975 年 NASA 发射"海盗号"，包括两组轨道器和着陆器。"海盗 1 号"和"海盗 2 号"轨道器各运作了 6 年和 3 年。两个着陆器皆于 1976 年成功登陆，传送了第一张火星地景的彩色照片，而轨道器所绘制的火星清晰地图，截至 2019 年都还在使用。

1996 年 11 月，NASA 发射了"火星全球勘测者"，该任务非常成功，它在 2001 年完成了地图绘制工作，并 3 次延长任务，直到 2006 年 11 月 2 日因失联而结束。

2001 年，NASA 发射了"2001 火星奥德赛号"探测器，任务成功进行并延续到 2010 年 9 月。探测器上的伽马射线光谱仪探测到火星地表下 1 米内含有大量的氢，科学家认为这些氢存在于水冰的结晶体中。

2003 年，NASA 发射了一对相同的火星探测漫游车——"勇气号"和"机遇号"，它们皆于 2004 年 1 月成功着陆火星。传回的资料中最有价值的是火星存在水的确凿证据。虽然沙尘的覆盖影响了太阳电池板的发电，但尘卷风和风暴清除了太阳电池板上的沙尘，使它们得以在超过预定任务时长后还能继续工作。

2005 年 8 月，NASA 发射了"火星勘测轨道飞行器"，于 2006 年 3 月进入火星轨道开展了为期两年的工作。它搭载更先进的通信系统，带宽超过了之前任务的总和，传回的资料也远多于过去任务的总和。其分辨率高达 0.3 米的相机于 2008 年 2 月 19 日拍摄到了火星北极冰盖发生一系列雪崩的影像。

NASA 的"凤凰号"探测器于 2007 年 8 月成功发射，于 2008 年 5 月着陆于火星北纬 68 度的极区。"凤凰号"着陆器有一支可伸及 2.5 米的机械手臂，且可挖掘土壤 1 米深。"凤凰号"搭载一台显微镜，分辨率达人类头发丝直径的 1/1000。2008 年 6 月 20 日，"凤凰号"确认此前发现的地表白色物质为水冰。

2011 年 NASA 发射了火星科学实验室任务，其携带的"好奇号"火星车于 2012 年 8 月 6 日成功着陆火星的"盖尔"撞击坑附近。"好奇号"携带了大量先进的科学仪器，搭载了激光化学检测仪，可在 13 米外分析岩石组成，是历来最先进的火星探测任务。

近年来，商业航天的崛起成为航天领域新的生长点，SpaceX 是其中的佼佼者，其提出了在 2030 年前实现载人登陆火星的设想。SpaceX 拟研制巨型行星际运输系统，该系统利用三个不同的可重复利用的飞行器飞往火星。在整个计划中，飞船的燃料补加是重点，可降低载人飞船的初始发射质量。运载火箭首先把载人飞船送入地球轨道，然后返回发射台，携带燃料补给飞船，再次发射。燃料补给飞船入轨后将同载人飞船对接，为后

延伸阅读

着陆火星的最大风险——火星大气

火星探测器发射次数众多，但降落和着陆的成功率只有不到一半。与月球不同，火星有稀薄的大气，其密度不到地球大气的 1%，表面大气压为 500～700 帕，火星大气层的主要成分是二氧化碳，其次是氮、氩，还有少量的氧和水蒸气，因此探测器着陆过程存在诸多不确定性。火星探测器着陆包括进入、下降、着陆三个过程。进入大气层过程要求探测器有良好的气动设计和进入角度，这一过程从火星上空数百千米持续到 10 千米以下。在下降过程中，探测器需展开降落伞结构，起到减速的作用。当下降到距离地面几百米时，探测器启动反推发动机或者展开空气气囊，为着陆做最后准备。

者加注燃料，然后返回地球。这样的燃料补加要反复进行 3～5 次才能保证一次火星飞行所需。然后载人飞船将启动前往火星的旅程。飞船返航用的推进剂则将利用火星当地的资源生产。

与此同时，我国也在积极开展火星探测。受天体运行规律的约束，每 26 个月才有一次适合火星探测的发射时机。而在 2020 年就有发射机会，因此国际上迎来火星探测的高峰，阿联酋、中国、美国先后发射火星探测器。

我国的首次自主火星探测任务已于 2020 年 7 月 23 日成功将"天问一号"探测器发射升空。"天问一号"包含了轨道器与着陆巡视器，将一次实现"环绕、着陆、巡视"三个目标。2021 年 2 月 5 日，"天问一号"在距离火星约 220 万千米处，获取了首幅火星图像。2 月 10 日，"天问一号"探测器成功实施了近火捕获制动，环绕器 3000N 轨控发动机点火工作约 15 分钟，探测器顺利进入近火点高度约 400 千米、周期约 10 个地球日、倾角约 $10°$ 的大椭圆环火轨道，成为我国第一颗人造火星卫星，实现"绕、着、巡"第一步"绕"的目标，环绕火星获得成功。至此，"天问一号"探测器已累计飞行 202 天，抵达火星时探测器飞行里程约为 4.75 亿千米，距离地球约 1.92 亿千米。此后轨道器将择机与着陆巡视器分离，然后进入任务使命轨道，开展对火星的环绕探测，同时为着陆巡视器开展中继通信；着陆巡视器则计划于 2021 年 5～6 月择机降落并着陆于火星表面的低纬地区，释放火星车，对火星开展表面巡视探测。

"天问一号"探测器总重约 5 吨，共携带了 13 台科学载荷。其中，轨道器上 7 台，即中分辨率相机、高分辨率相机、次表层探测雷达、矿物光谱探测仪、磁强计、离子与中性粒子分析仪、能量粒子分析仪；巡视器（也就是火星车）上 6 台，即多光谱相机、次表层探测雷达、表面成分探测仪、表面磁场探测仪、气象测量仪和地形相机。

通过轨道器与巡视器的天地联动探测，"天问一号"将致力于完成五大科学目标，即火星形貌与地质构造特征、火星表面土壤特征与水冰分布、火星表面物质组成、火星大气电离层及表面气候与环境特征、火星物理场与内部结构。

如果一切顺利，"天问一号"将为加深人类对火星的认识贡献一份中国力量。

四、远地行星

（一）木星

木星是太阳系从内向外的第五颗行星，并且是太阳系最大的行星。截至 2019 年，包括伽利略卫星[①] 在内的已确认的木星卫星达到 79 颗，木星系很像一个微型的太阳系，故科学家认为，了解木星有助于揭开行星系统的起源之谜，建立太阳系形成和演化的模型。

迄今已有数颗无人探测器前往木星考察，早期进行飞掠探测的是"先驱者号"和"旅行者号"。截至 2019 年，最新访问木星的探测器是发射于 2011 年 8 月的"朱诺号"，经过近 5 年的飞行，"朱诺号"于 2016 年 7 月进入环绕木星的轨道，开展了对木星系统的探测，包括可能被冰层覆盖且有地下液态海洋的木卫二。

"先驱者 10 号"和"先驱者 11 号"是第一批访问木星的探测器，它们是以行星际漫游的方式进行探测的多面手，先后探测了木星及其卫星、土星及其卫星等。1973 年，"先驱者 10 号"在距离木星 1.3 万千米处穿过木星云层时，拍摄了世界上第一张近距离的木星照片，并在探测木星和木

---

① 伽利略卫星是木星的四个大型卫星，由伽利略于 1610 年 1 月 7 ～ 13 日发现，所以将它们称为伽利略卫星。依其编号次序依次为木卫一、木卫二、木卫三和木卫四。

卫一之后继续远走高飞。1983年6月13日，它越过了海王星轨道。"先驱者11号"在经历了1/4个世纪、100亿千米的宇宙航行后，完成了探测木星和土星的使命，于1997年开始飞向太阳系的边缘。

1977年8月和9月分别升空的"旅行者2号"和"旅行者1号"探测器，是访问木星的第二批使者。它们带着更先进的观测仪器，观测到了木星背阳面的极光及木星大红斑等。其中，"旅行者2号"不但对木星和土星进行了探测，还首次探测了天王星和海王星，完成了四星联游的壮举，目前这两颗探测器都已经飞出日球层顶，进入了星际空间。

早期的探测器均未携带着陆器，且只在飞越木星和土星等行星时进行远距离探测，所以探测时间短、图像清晰度差、数据不全面。为了进一步

延伸阅读

木星探测的难点

木星探测的难点主要体现在两个方面。一方面，航天器在宇宙空间中飞行，只能沿椭圆、抛物线、双曲线方向飞行，所以发射到木星的探测器不能直线到达，而是需要经过复杂的变轨过程，且由于探测器速度不够，往往需要利用引力弹弓效应进行加速，这就意味着探测器需要多次经过其他行星，以"伽利略号"为例，先后经历了金星、地球等借力飞行。这就意味着，为了探测木星，我们需要等待很久，探测器需要走很多回头路。

另一方面，木星磁场强度大约是地球的20倍，因此形成了比地球强数倍的辐射带，其中质子通量大约是地球的10倍，高能电子通量比地球辐射带高2～3个数量级，电子最高能量可达几百兆电子伏，而一般认为地球辐射带的电子能量最高不超过10兆电子伏。如此强的高能粒子辐射会对航天器的生存产生致命影响，因此木星探测一般采用大椭圆轨道，以避开木星粒子辐射最密集的区域。

解开木星之谜，美国于 1989 年 10 月发射了木星专用探测器——"伽利略号"，它由轨道器和子探测器组成，子探测器于 1995 年 7 月与轨道器分离，12 月进入木星大气层，考察了 75 分钟。这是人类首次深入木星大气进行实地测量。轨道器在 1995 年 12 月抵达木星轨道后，绕木星飞了 34 圈，并 35 次飞临木星的主要卫星，对它们进行了近距离探测，2003 年 9 月因燃料耗尽而坠入木星大气层烧毁。"伽利略号"对木星的观测距离比"旅行者号"近 20 倍，发回照片的清晰度比"旅行者号"高 20～100 倍，使人类首次完整地观测到木星、木星的卫星及磁场，是 20 世纪最重要的行星探测活动之一。

木星是太阳系中拥有最多卫星的行星，其中多颗卫星都极具特点和探测价值。木卫一有强烈的地质活动和火山喷发，木星风可以直接将其火山灰吹离木卫一表面，进入木星系的广阔空间。木卫二表面覆盖冰层，冰层下面可能存在海洋，因此科学家推测其地下可能存在原始生命。木卫三是太阳系拥有最强磁场的卫星，对其进行研究有助于揭示太阳系多尺度磁场

延伸阅读

"朱诺号"复杂的轨道设计

从木星云顶到辐射带之间，存在数千千米的间隙，而"朱诺号"正是利用这一间隙，既规避了辐射带对航天器的致命影响，又可"贴着"木星表面飞过，从而获取价值极高的高分辨率木星观测数据。但"朱诺号"来自遥远的地球，与之前数亿千米的旅行相比，这一间隙犹如针孔，要想实现预期变轨，需要极精准的计算和轨道机动。成功进入木星轨道之后，"朱诺号"再次经过变轨，进入周期为 14 天的科学探测轨道。在该轨道下，"朱诺号"用 8 圈对木星表面每隔 48 度的 8 个窄条进行观测，再用 8 圈将间隔缩小到 24 度，再用 16 圈将间隔缩小到 12 度，这 32 圈轨道犹如编织的巨大"鸟笼"将木星包围，几乎实现对木星的无死角探测。

的演化过程和规律。

NASA 的探测器"朱诺号"在 2016 年 7 月 4 日抵达木星，并在之后的 20 个月内在轨道上绕飞木星 37 圈，以极区轨道的方式仔细观测这颗行星。2016 年 8 月 27 日，"朱诺号"完成其第一次的低空飞越木星，传回木星北极的第一张图像，此后不断发回有关木星大气层、磁场和天气模式的重要信息，揭示了许多关于木星的科学真相。"朱诺号"携带的红外极光测绘仪于 2019 年 12 月 26 日拍摄的图像显示，木卫三北极地区存在玻璃状的冰层，为地外生命的探索又增添了一份研究素材。

（二）土星

土星是太阳系中除木星外最大的行星，也是远地行星中人类探索热情较高的一个。土星盘面上围绕着绚丽多彩的光环，且和木星一样，本身

延伸阅读

土卫六生命之谜

土卫六"泰坦"是"卡西尼－惠更斯号"最重要的探测目标，从多角度看，土卫六是最类似地球的天体之一。土卫六拥有很厚的大气层，且成分中富含有机物，很像数十亿年前处于冰冻状态、大气中尚未出现氧气的地球。另外，土卫六是太阳系唯一的表面拥有液态海洋、湖泊的天体，但其液体成分是甲烷。另外，在土卫六大气上空 1000 千米发现了分子量高达几万的有机分子，这可能是生命起源的过渡物质。

值得一提的是，"卡西尼－惠更斯号"未经过太空检疫，其表面可能携带地球微生物，为了防止意外坠落土卫六，对其可能存在的生命造成威胁，"卡西尼－惠更斯号"轨道器选择利用最后的燃料冲入土星大气层坠毁，不但在其生命最后阶段探测了土星大气，也保护了土卫六上可能存在的生命。

保留着大量太阳系形成时的原始物质。对土星进行探索有助于认识太阳系的形成和发展史，对认识地球自身大气的演化也有重要意义。1979年，"先驱者11号"为土星拍摄了第一张近距离照片，并发现了新的土星卫星和土星环，此后，"旅行者1号"和"旅行者2号"先后探索了土星，加深了人们对土星的认识。1997年10月，美国与欧洲联合研制的"卡西尼－惠更斯号"发射成功，"卡西尼－惠更斯号"是第一个专门探测土星的任务，由轨道器和子探测器组成，其中轨道器有12台科学仪器，子探测器有6台科学仪器。2004年7月"卡西尼－惠更斯号"抵达木星轨道，2005年1月"惠更斯号"子探测器被释放到土星最大的卫星——土卫六（泰坦）进行探测，在两个多小时的降落过程中采集到大量有价值的数据，表明土卫六的大气层结构和地球极为相似，但比地球大气构成更复杂、层次更多。"卡西尼－惠更斯号"轨道器在2005～2008年寿命期内，环绕土星飞行70多圈，多次穿越土星环，并接近9颗土星卫星，发回约80万张照片，帮助人们逐步揭开土星的神秘面纱。

第十二章 『探』以致用

探索外太空，不仅可以发现许多未知的科学真相，还会对人类生活产生实实在在的有益影响。探索太空所衍生出来的副产品包罗万象，覆盖了人们日常生活中的衣食住行各方面，如纸尿布、方便面中的脱水蔬菜包、枕头中的记忆海绵、气垫运动鞋、太阳镜，以及关乎人们身体健康和安全的红外线体温计、烟雾报警器等。人类携手进行太空探索，有助于我们更好地了解自己的家园和生活方式，更好地延续人类文明。

一、微重力实验

　　航天器在太空中飞行时，只受地球、月球、行星、太阳等天体的引力作用，在这种情况下，航天器及其内部的物体相互之间没有拉、压、剪切等作用力，即处于失重状态。由于拥有地球上所没有的微重力环境，所以太空成为特殊的实验场。

　　微重力环境是一种宝贵的资源，是来自太空的礼物。借此，科学家可以进行地面上难以开展的科学实验，进行新材料和昂贵药物的生产等，范围涉及金属与合金、陶瓷、光学材料、超导体、电子晶体、半导体晶体结构、超离子晶体、沸石晶体、蛋白质晶体、胰岛素、干扰素等。

　　科学家还利用太空微重力环境进行了一系列生物学实验，主要包括对生物体的物质、能量循环及调节的研究，对微重力环境如何影响地球上生物体的形成、生长、功能与行为的研究，对暴露在太空高能辐射环境中的生物体损伤与防护的研究等。另外，在太空微重力条件下进行生物体组织培养，可以避免地面重力条件造成的对流和沉淀作用，获得更好的效果。

进行太空微重力科学实验及应用研究，是航天事业产生社会效益和经济效益的重要手段。从 1987 年开始，我国就以返回式卫星和神舟飞船为载体，进行了一系列太空微重力环境下的科学研究和实验工作（图 12-1），取得了丰硕的成果。同时，我国正在致力于建设空间站，将微重力科学推向新的高度。

二、太空育种

太空育种即航天育种，也称空间诱变育种，就是将农作物种子或试管种苗送到太空，利用太空特殊的、地面无法模拟的环境（高真空、宇宙高能粒子辐射、宇宙磁场、高洁净）的诱变作用，使种子产生变异，再返回地面选育新种子和新品种的作物育种新技术。太空育种具有变异多、变幅大，以及高产、优质、早熟、抗病力强等优点，其变异率较普通诱变育种高 3～4 倍，育种周期较杂交育种缩短约 1 倍。

太空育种是集航天技术、生物技术和农业育种技术于一体的农业育种新途径，是当今世界农业领域中最尖端的科学技术课题之一，通过已进行的太空育种试验，许多生物特性的奥秘被揭示。目前，世界上只有美国、俄罗斯、中国等少数国家独立掌握了返回式卫星技术，并成功进行了卫星搭载太空育种试验。

科学家认为，在太空育种中，强辐射、微重力和高真空等太空综合环境是诱发植物种子基因变异的主要因素。由于亿万年来地球植物的形态、生理和进化始终受地球重力的影响，一旦进入失重状态，同时受到其他太空环境因素的作用，将更有可能产生在地面上难以获得的基因变异。太空环境对植物种子的生理与遗传性状具有强烈影响，但是究竟是哪些因素产生影响，以及如何产生影响，至今还没有定论。经历过太空遨游的农作物种子，返回地面种植后，不仅植株明显增高增粗，果形增大，产量比原来

图 12-1　微重力环境下的科学实验

普遍增加，而且品质大为提高（图 12-2）。截至目前，太空育种取得了不错的成效，但种子的变异方向仍无法控制，只能任其发展，这是当今世界的科学空白区，等待着科学家去进一步探索。太空环境会对植物基因产生影响已经得到各国科学家的证实，但是对太空育种原理的解释仍在争论之中。

三、遥感与气象观测

遥感卫星是指利用遥感技术和遥感设备，对地表、海洋、大气和自然现象等进行观测的人造卫星，主要应用于国土资源勘查、环境监测与保护、城市规划、农作物估产、防灾减灾和空间科学试验等领域，与人们的生活也密切相关。

气象卫星是以获取气象数据为主要任务的遥感卫星，主要作用是观察、监测地球的气象和气候。通过发射卫星，在地球上方采用凝视或扫描的方法，从高空观察大气层并预测其发展变化，从而进行天气预报等。气象卫星不仅可以观察风霜雨雪、城市灯光、火灾、大气和水污染、极

延伸阅读

太空育种不是转基因

基因是具有遗传效应的 DNA 片段，是控制生物性状的基本遗传单位。转基因是一种育种技术，将某种生物体的基因片段进行人工分离和修饰后，植入另一种生物体的基因组中，让两种基因重组，再经过数代人工选育，获得具有人们所希望的特定遗传性状的新品种。而太空育种是利用空间环境条件加速生物体的变异过程，这与自然变异在本质上没有区别，是将植物 DNA 打乱重排，并未植入其他物种基因。因此，太空育种和转基因在本质上是不同的。总体而言，太空育种比转基因安全得多。

图 12-2　太空育种的南瓜

光、沙暴、冰雪覆盖率、海流和能源浪费等都是气象卫星可以收集到的信息。

气象卫星大致可以分为两类，即地球静止轨道卫星和极轨气象卫星。

地球静止轨道卫星在赤道上空约 35 786 千米，可以使卫星环绕地球的公转周期与地球的自转周期相等，因此，地球静止轨道卫星可以不断地向地面传送地球表面某个地区的可见光和红外线图像。

目前正在运行的地球静止轨道气象卫星有中国的"风云"系列、美国的 GOES 系列等，俄罗斯、日本、印度等国家也有用于观测气象的地球静止轨道卫星。1977～2019 年，我国一共成功发射了 17 颗"风云"气象卫星，形成了稳定运行的全球气象卫星星座系统，不仅服务于自身，而且为全球近百个国家和地区的用户提供气象信息资料与产品。"风云"气象卫星被世界气象组织纳入全球业务应用气象卫星序列，是全球综合地球观测系统的重要成员，空间与重大灾害国际宪章机制下的值班卫星，在国际气象灾害预警和应急救援方案形成与实施方面起到了重要作用。根据计划，2025 年前，中国还将发射 3 颗高轨、6 颗低轨"风云"卫星。届时，中国的气象科技能力将进一步提升，将为国际社会提供更多更高品质的气象产品和服务。

极轨气象卫星通常在距离地面 720～800 千米的轨道上运行，它们的轨道通过地球的南北极，并且是与太阳同步的，也就是说，它们每天飞越地球表面上的同一个地点时，总是在相同的地方和时间。

气象卫星的图像对于非专业人员来说也是很容易理解的，云团、冷暖锋、台风、湖泊、森林、山脉、冰雪、火灾、烟雾、油迹等都一目了然。假如把一系列的照片连在一起看云的变化和发展，那么连风都可以看出来。

有经验的专业人员可以通过分析气象卫星获取的红外线图像，确定云的高度和类型，计算地面和水面的温度，确定海面的污染、潮汐和海流。

对航海业来说，海流的信息是非常重要的，可以为制定省油的航线提供重要依据。渔民和农民希望知道海面或地面的温度，以提高他们的捕获量或保护他们的作物免于受冻。红外线测量地面温度的图像，可以用来预报火灾发生的可能性。一般这些红外线图像是灰色的，但通过计算机处理，可以变成多色，以提高对比度。

观察山上的冰雪情况可以提供年内河流供水的情报，为防汛和灌溉提供宝贵的信息。除此之外，海面上冰山的情况对航海业来说也是非常重要的。当海上发生石油泄漏事件时，对海流的观察还可以提供对石油泄漏扩散情况的预报。

卫星对沙尘暴的观察使人类对这一现象的理解大大加深。例如，每年夏季非洲撒哈拉沙漠大量的沙尘被刮进大西洋，有时甚至可以到达南美洲。

气象卫星在现代战争中的作用也日益明显。例如美国的国防气象卫星项目（Defense Meteorological Satellite Program，DMSP），该项目卫星的飞行高度是 835 ~ 850 千米，可以进行云图、强风、海况、微光监测，获取云层情况、大气温度、压力、风速等气象情报，为空军和海军行动保障提供信息。

延伸阅读

气象卫星与雾霾

根据太阳光穿透大气层后被吸收或散射削弱的信号，可以得到霾的轻重信息。在卫星上，霾和云有明显的区别：云是白色的，而霾是灰色的。对霾的科学监测主要依靠卫星上的激光雷达，可以得到霾的高度和含量信息。未来我国将发射新的气象卫星，搭载偏振和多角度仪器，可以获得霾颗粒物中不同粒子的大小及化学成分信息。

四、通信广播

通信卫星是一种通过转发器传递和放大无线电通信信号的卫星，它建立了地面上发射站与接收站之间的信息通道，可用于电视、电话、广播、网络和军事领域。地球轨道上有 2000 多颗通信卫星，可供私人和政府机构使用。无线电通信使用电磁波来传递信号，这些波是直线传播的，而地球是圆的，因此它们在地表传输时会被地球的弯曲表面挡住。通信卫星的目的是通过传递地球表面的信号来实现地面远距离的通信。

为避免信号干扰，国际电信联盟（International Telecommunication Union，ITU）制定了监管规则来分配各个组织可以使用的频率范围或频带。卫星轨道离地面很高，天线波束能覆盖地球广大面积，且电波传播不受地形限制，能实现地面远距离通信。通信卫星装有由接收和发射设备组成的转发器，将收到的信号经放大、移频后再发射到地面。

通信卫星的轨道高度和倾角可有多种，但常用的是地球静止轨道，如果用 3～4 颗地球静止轨道上的通信卫星组网，可以实现覆盖全球的实时通信。

中轨道卫星和低轨道卫星绕地球的速度比地球自转更快，因此从地球上看，它们并不是像静止轨道卫星那样在天空中固定不动，而是会划过天空并在天际"落"下去。

典型的低轨道是一个位于地球表面数百千米之上的圆或椭圆，其轨道周期（绕地球一周所用的时间）为 90 分钟左右。低轨道卫星与地面的相对位置变化得很快，所以如果使用低轨道卫星进行区域通信，就需要大量的卫星，这样才能保证通信不间断。相对于地球静止轨道卫星来说，发射低轨道卫星的成本要低一些。而且，低轨道卫星接近地面，通信需要的信号强度可以低一些。因此，需要在卫星数量和卫星成本之间权衡利弊。

一组协同工作的卫星被称作卫星星座。铱星（Iridium Satellite）系统就是一个提供通信服务的卫星星座。近年来，低轨移动通信星座得到了大力发展，典型的如 SpaceX 的"星链"（Starlink）计划和我国的"鸿雁"星座系统。另外，还有一种方法能使低轨道卫星提供不间断通信，就是卫星在通过某一区域时，先把接收到的信号存储起来，等到其通过另一区域时，再把这些信号发送出去。美国轨道通信公司的低轨移动星座就是使用这种先存储再发送的方式来进行通信的。

延伸阅读

铱星的前世今生

铱星移动通信系统是美国摩托罗拉公司下属的铱星公司负责运营和管理的一种全球性卫星移动通信系统。从 1987 年摩托罗拉公司开始策划铱星系统到 1998 年 11 月铱星公司正式运营，历时 11 年，耗资 50 多亿美元。在铱星设计初期，设计者认为全球性卫星移动通信系统必须在天空上设置 7 条卫星运行轨道，每条轨道上均匀分布 11 颗卫星，组成一个完整的卫星移动通信的星座系统。它们就像化学元素铱的 77 个核外电子围绕其原子核运转一样，因此得名"铱星"。后来经过计算证实，设置 6 条卫星运行轨道就能够满足技术性能要求，因此，铱星系统的卫星总数减少到 66 颗，但人们仍习惯称其为铱星移动通信系统。该系统是庞大的空间网络，轨道高度 780 千米，可突破地面通信的局限，通过太空向任何地区、任何人提供语音和数据等服务。由于通信代价高昂，运营不佳，铱星公司于 2000 年 3 月宣布破产，后被美国军方收购，仅用于军事及户外探险等小众领域。随着商业航天的浪潮和 SpaceX 的崛起，发射成本大大降低，2017 年 1 月 15 日，"猎鹰 9 号"火箭将 10 颗二代铱星送入近地轨道，标志着铱星公司重整旗鼓，很有可能带动新一轮卫星通信系统的发展。

五、导航定位

除通信外，导航定位也是卫星星座的重要应用。目前，国际上主要的导航系统包括美国的全球定位系统、俄罗斯的格洛纳斯卫星导航系统（Global Navigation Satellite System，GLONASS）、中国的北斗卫星导航系统、欧洲的伽利略卫星导航系统（Galileo Satellite Navigation System）等。

GPS 是由美国国防部研制建立的一种具有全方位、全天候、全时段、高精度的卫星导航系统，能为全球用户提供低成本、高精度的三维坐标、速度和时间等信息，在全球范围内实时进行定位、导航。

完整的 GPS 星座由 24 颗在轨卫星（其中 21 颗工作卫星、3 颗备用卫星）组成，位于距地表 20 200 千米的上空，运行周期为 12 小时。卫星均匀分布在 6 个轨道面上，倾角为 55 度。理想状态下，全球任意一点、任何时间都可观测到 4 颗以上 GPS 卫星。

在一个立体直角坐标系中，任何一个点的位置都可以通过三个坐标数据 X、Y、Z 来确定。也就是说，只要能得到 X、Y、Z 三个坐标数据，就可以确知任何一点在空间中的位置。如果能测得某一点与其他三点 A、B、C 的距离，并确知 A、B、C 三点的坐标，就可以建立一个三元方程组，求解出该未知点的坐标数据，从而得到该点的确切位置。GPS 就是根据这一原理，通过对卫星轨道分布的合理化设计，用户在地球上的任何位置都可以观测到至少 3 颗卫星，在某个具体时刻，某颗卫星的位置是确定的，因此只要测得用户与卫星之间的距离，就可以解算出用户所在位置的坐标。

北斗卫星导航系统是中国自行研制的全球卫星导航系统，是继美国 GPS、俄罗斯 GLONASS 之后第三个成熟的卫星导航系统。北斗卫星导航系统经过了三代的探索与实践，自力更生，实现了历史跨越。"北斗一号"实现了供配电和控制系统等核心产品的国产化；"北斗二号"打破了国外的技术封锁，攻克了高精度星载原子钟等多项关键技术；"北斗三号"更是一马当先，开始了从"并跑"到"领跑"的征程。"北斗三号"全球卫星导航系统可在全球范围内全天候、全天时为各类用户提供高精度和高可靠的定位、导航、授时服务，其中定位精度10米，测速精度每秒0.2米，授时精度50纳秒。"北斗三号"空间段计划由30颗卫星组成，包括3颗地球静止轨道卫星、24颗中地球轨道卫星、3颗倾斜地球同步轨道卫星。中地球轨道卫星运行在3个轨道面上，轨道面之间相隔120度，均匀分布。2020年6月23日，"北斗三号"全球卫星导航系统第三颗地球静止轨道卫星——也是30颗组网卫星的最后一颗——成功发射，"北斗三号"全球组网成功，导航系统星座部署全面完成，将为我国和全世界提供普惠服务。

六、太空旅游

国际空间站的乘客主要是执行任务的航天员，各类科幻电影中在太空遨游的也大多是专业的航天员。那么现实中，有真正去太空旅游的游客吗？答案是肯定的。从21世纪初开始，出现了自费太空旅游的游客，截至2009年，有7名游客曾抵达国际空间站，体验了真正的太空飞行。太空游客是指不以执行任务（如进行实验或工作）为目的而搭乘载人飞船参与太空飞行的人。自费太空旅行的创意最早源于美国人丹尼斯·蒂托（Dennis Tito）提出的对俄罗斯"和平号"空间站提供赞助的交换条件，后被俄罗斯航天部门开发为太空旅游商业项目。苏联解体后，由于载人航天的成本极高，同时要向哈萨克斯坦支付拜科努尔航天发射场的使用费，俄罗斯为筹措经费，开放了民间赞助，报酬即为可让赞助者搭乘飞船进入太空，因此大多数太空游客都是支付了大笔费用的亿万富翁。2001年4月30日，第一位太空游客——美国人丹尼斯·蒂托进入国际空间站。此后，南非人马克·沙特尔沃思（Mark Shuttleworth）（2002 年）、美国人格雷戈里·奥尔森（Gregory Olsen）（2005 年）、伊朗裔美国女企业家阿努什·安萨里（Anousheh Ansari）（2006 年，首位太空女游客）、匈牙利裔美国企业家查尔斯·西蒙尼（Charles Simonyi）（2007 年）、美国电脑游戏开发商理查德·盖瑞特（Richard Garriott）（2008 年）、加拿大太阳马戏团的创始人及总经理盖·拉里伯特（Guy Lalibert）（2009 年）先后顺利完成了太空旅程（图 12-3）。每位申请者必须经过严格的体检、训练才能有幸成为太空游客。太空旅程大约 10 天，"门票"价格为 2000 万～3500 万美元。NASA 的太空任务仅供国际科研所用，故现今太空旅游仍以俄罗斯为主。

由于运送能力不足，国际空间站近年来停止接待游客。但 2019 年 6 月 NASA 宣布，为了扩大国际空间站的商业价值，从 2020 年起，国际空间站将向游客重新开放，欢迎个人到国际空间站旅游，旅游期限最多 30 天，每年进行两次飞行。但乘坐载人飞船去国际空间站旅游的费用相当不菲，预计将超过 5000 万美元。

图 12-3　太空游客参观国际空间站

第十三章

技术瓶颈

在关于人类起源的"非洲单源说"理论中，人类祖先在走遍非洲大陆后，毅然决然地前往未知的他乡，繁衍至全球，最终造就了现在这个精彩纷呈的世界。现代人类前往太空的初衷是增加人类对自身的了解，使生活变得更加美好。对人类来说，与大海相比，太空无疑更不友好：单单是逃离地球的引力就需要大量的研究工作，而且成本远远高于跋山涉水。正如不能将所有鸡蛋装在一个篮子里一样，人类也不能将所有希望放在地球上。一次小行星撞击都有可能让我们重蹈恐龙的覆辙。或许，在探索太空的过程中，人类会找到方法离开地球，在月球建立基地，在火星创建城市，甚至在更远的行星建造居住地，等等。但是当前人类的太空探索技术发展仍面临诸多瓶颈问题的制约。

一、发射成本居高不下

任何物体想要脱离地球表面进入太空翱翔，都必须克服地球引力的影响，速度必须至少达到第一宇宙速度，即 7.9 千米 / 秒以上。

这意味着要想离开地球就需要耗费巨额资金建造发射装置，如发射"好奇号"火星车就耗资 2 亿美元，而这只占整个任务预算的 1/10 而已。完成发射任务需要尽量减轻发射重量，但载人任务往往还要携带维持航天员生命所需的供给，无疑又会加重负担。采用更高效、功能更强大的混合燃料为助推器提供巨大的升空推进力，才有可能更好地完成飞行任务。

在已有的绝大多数航天器发射过程中，火箭是一笔很大的一次性开销，因为火箭升空的过程就是自我牺牲的过程。一次航天发射任务之后，火箭只剩下几乎没有再利用价值的残骸。终极省钱大法或许是运载火箭的重复使用，随着发射数量的不断增加，规模经济效应开始显现，平均单次发射的成本将越来越低，这是成本大幅度降低的关键。

目前，实现运载火箭部分可重复使用的技术途径主要有无控降落伞（或可控降落伞）回收、有翼飞回式水平降落、利用火箭自身动力系统垂直起降回收三种。

采用无控降落伞（或可控降落伞）回收箭体或关键部件，仅需在火箭助推级上安装可弹出降落伞，回收系统相对独立，技术难度较小。也可在箭体着陆前配合反推发动机、气囊共同使用，实现箭体以接近零速度软着陆，或通过直升机抓取实现空中回收，以避免在着陆的瞬间受到冲击。降落伞回收箭体时，由于受到风力影响，采用无控降落伞较难实现落点的精确控制，无法保证箭体回收的安全。随着新材料与新工艺技术的发展，未来可实现箭体定点回收的大面积可控，可控降落伞有望使落点得到精准控制。

采用有翼飞回式水平降落回收，火箭飞回过程可控性较好，可像无人机一样在跑道上水平着陆，降落地点灵活，避免了着陆瞬间受巨大冲击，可防止箭体损伤。但是该方法需要在箭体加装机翼，而加装机翼对箭体结构及火箭上升段空气动力学特性有不利的影响，若实现有动力飞行还需要安装辅助的航空发动机系统，技术难度大。

利用火箭自身动力系统垂直起降回收技术，要求火箭发动机具备多次重启及深度节流能力，需要安装着陆支撑系统，具备良好的缓冲功能。在着陆前，制导系统提供发动机控制指令，姿控系统需要克服着陆过程中的干扰，实现垂直调姿。该回收技术的优点在于可以确保火箭的结构安全、定点降落，不会对火箭造成较大损伤，便于后续重复使用，同时技术难度比有翼飞回式水平降落低，是近期较为可行的回收方案。

目前，可重复使用运载火箭技术进入快速发展时期。SpaceX 和蓝色起源（Blue Origin）太空公司都在大力研制火箭回收技术并取得了巨大成功。以火箭发动机为动力，垂直回收火箭一级的部分重复使用运载火箭有望首先投入商业应用。2016 年 1 月，蓝色起源太空公司利用回收的火箭，在美国得克萨斯州发射基地重新发射了一支火箭，火箭在进入太空后又再次回到地球并成功着陆。

另外，SpaceX 也成功发射了搭载 11 颗通信卫星的"猎鹰 9 号"运载火箭，同时还历史性地成功回收了"猎鹰 9 号"的一级助推火箭。SpaceX 的此次成功具有里程碑式的意义，甚至有可能为第二个太空时代的到来铺平道路。如果能像飞机一样反复多次使用火箭，进入太空旅游的费用可能只需要几百美元，太空商业运输成本将大大降低。

二、太空垃圾日益增多

在最近 50 年的太空探索活动中，火箭、卫星和导弹残骸及各种高科技产品碎片已经将近地空间变成了一个垃圾场。目前已经发现并跟踪了近两万个目标（每个至少有一个垒球那么大，直径 10 厘米以上），更小的碎片数量有数十万甚至可能上百万。由于飞行速度极快，这些插头、镜头盖甚至一小片油漆大小的物体，都能在航天器关键系统上砸出一个大坑，即使是一颗微不足道的小螺丝钉也有可能将航天器变成一堆废铁。由特殊材料构成的防护结构可以起到保护作用，阻挡这些小碎片的袭击，但如果是一整颗卫星来袭，那就无力回天了。科学家通过追踪和计算碎片的轨道，可以为卫星设计出安全的轨道，规避碰撞危险，但目前的追踪技术还不够完善，总会有"漏网之鱼"。

空间碎片的增多，越来越威胁到日渐紧缺的轨道资源，将导致大量撞击事件，使太空成为非常危险的区域。对此，科学家提出了多种清理太空垃圾的措施，并打造庞大的陆基雷达监测网来监视空间碎片。有科学家提出打造"太空拖网"，将轨道上的碎片像用渔网捕鱼那样全部"捕捞"，但依靠外力将大量碎片拖出轨道非常困难，因此空间碎片清除技术仍是目前航天领域研究的热点。

三、深空测控与导航能力不足

分布于美国加利福尼亚州、澳大利亚和西班牙的天线阵列——深空网（Deep Space Network，DSN）通信体系是为跟踪、测量和控制深空中、行星和行星际探测器而建立的地面系统，其跟踪距离可达 90 多亿千米。从学生的实验卫星到在柯伊伯带巡逻的"新地平线号"探测器，都依靠它来进行测控。

但是，随着航天任务越来越多，深空网也日益拥挤堵塞，信息传输通道十分忙碌。此外，航天器离地球越远，传回地球的电波信号就越弱，随着人类的航天器飞得越来越远，飞出太阳系，飞向宇宙更深处，对深空测控和导航能力的要求也越来越高。

另外，当航天器飞行于遥远的深空时，航天器对地球来说几乎不可控，此时就需要航天器具有自主导航的能力。常用的自主导航方法有三种。

第一种是基于太阳和行星的天文自主导航。利用太阳和行星进行自主导航是最为简单和成熟的天文导航方案。由于太阳和行星在任意时刻的位置可根据星历表获得，而从航天器上观测到的行星之间的夹角、行星和恒星之间的夹角与行星视线方向等信息是航天器位置的函数，通过这些观测量，利用几何解析的方法或结合轨道动力学即可获得航天器的位置、速度等导航参数。早在 20 世纪 60 年代，美国"阿波罗"计划中就已使用了该类导航方法。1982 年，NASA 喷气推进实验室研制的自主制导和导航系统在用于木星飞行任务时，也是利用行星和恒星之间的夹角进行深空探测器的导航与姿态确定。该方法的优点是计算简单，易于实现，缺点是导航精度随探测器与太阳、行星之间距离的增加而降低。

第二种是基于小行星或行星卫星的自主导航。由于太阳和行星到航天器的距离相对较远，角度测量的微小误差就会对导航的精度产生极大的影响。利用航天器在转移轨道中遇到的近距离小行星进行定位可大大提高导航精度。该方法的基本原理与上述基于太阳和行星的自主导航方法基本相同，但因小行星和航天器之间距离较近，导航精度较前者更高。其缺点是通常航天器与小行星相遇的时间很短，且小行星的观测也较困难。该方法已应用于早期的"水手号"、"旅行者号"、"伽利略号"和"深空1号"及"深度撞击号"等多颗深空探测的航天器中，是目前最成熟的方法。

第三种是基于X射线脉冲星的自主导航。脉冲星是高速自转的中子星，是太阳系以外的遥远天体，它们的位置坐标，犹如恒星的星历表一样构成一种高精度惯性参考系。脉冲星按一定频率发射稳定的脉冲信号，其长期稳定度好于地球上最稳定的铯原子钟。脉冲星可以提供绝好的空间参考基准和时间基准，是航天器极好的天然导航信标。脉冲星在射电、红外、可见光、紫外线、X射线和γ射线等电磁波频段产生信号辐射。X射线能量辐射相对较高，易于设备探测和信号处理，减少了弱信号积分时间，提高了脉冲到达时间测量分辨率，尤其是有利于设计小型化探测设备，探测器有效面积可小于1平方米，使其装备航天器应用成为可能。2016年11月10日，我国成功发射了全球首颗脉冲星导航试验卫星（X-ray Pulsar-based Navigation-1，XPNAV-1），开展了脉冲星导航技术的在轨试验验证。

四、太空辐射环境的影响

在地球大气和磁场的安全保护伞之外，存在着许多以接近光速的速度运动的亚原子粒子，这就是太空辐射，而且是致命的。太空中的辐射过高，可能会影响航天员的健康，遭受过度辐射，可能导致白内障、阿尔茨海默病甚至癌症等。

NASA"好奇号"任务小组通过研究"好奇号"搭载的辐射探测器测量数据认为，前往火星途中的辐射比在地球表面高出数百倍之多。人类只要暴露在1西弗①辐射中，就会发生放射性疾病，罹患癌症的风险会提高5%，地球上每年来自外层空间的辐射约1毫西弗（毫西弗是西弗的1/1000），国际空间站的航天员6个月内就会遭受100毫西弗的辐射，至于"好奇号"辐射探测器在飞往火星途中所测得的辐射剂量值，已经高达330毫西弗。

一直以来，铝都是制造航天器的主要原料之一，但铝对于阻挡高能宇宙线粒子的效果并不好。

使用工程塑料或许可以成为更好的解决方案，它们不仅更轻更坚固，而且由氢原子组成，其小小的原子核不会产生二次辐射。美国西南研究院（Southwest Research Institute，SwRI）的科学家指出，工程塑料可降低航天员在太空中所受到的辐射量，效果远比金属铝还要好，有可能成为用于载人飞船内部或航天服的材料。

另外，磁铁也可作为选择。2008年，英国卢瑟福·阿普尔顿实验室（Rutherford Appleton Laboratory，RAL）的科学家开发了一种屏蔽太阳高能粒子的强力电磁场装置，这种小型电磁场装置能将来自太阳的大量有害辐射偏转，使航天员免受辐射的伤害，降低罹患癌症的风险。同时，它可

---

① 辐射剂量单位。

以取代传统的防辐射装置，减轻航天器负荷，其升级版还能在太阳耀斑爆发之时救人性命，未来还有望用它改变激光方向。

无论是航天器还是航天员，任何进入太空的物体都不能免于太空辐射的影响。对未来的长期载人深空飞行任务来说，太空辐射是人类必须面对的问题。

第十四章　太空『流弹』

太空如此浩瀚深邃，令人神往，但目前人类对太空的认识还非常浅薄，需要继续勇敢探索。对于未知的世界，人类在充满好奇的同时也会伴随着恐惧，如此神秘的太空中会存在什么样的危险？只有充分认识这些危险并掌握应对措施，人类才能更从容地应对太空环境，才能更深入地对太空进行探索。目前，航天器和航天员面临的空间碎片撞击、太空辐射、小天体对地球的碰撞，是人类太空探索中面临的主要潜在威胁。

一、超级"流弹"——空间碎片

自人类开启太空时代以来，垃圾也被我们带到了太空，近年来太空垃圾数量的快速增长使空间安全问题变得越来越突出。太空垃圾带来哪些危害？人们应该如何应对呢？

还记得电影《地心引力》中被碎片一一击毁的国际空间站和我们的"天宫"空间实验室吗？虽然影片故事是虚构的，且有些细节与实际情况并不相符，然而对于空间碎片危险性的表现却并不算过度夸张。

空间碎片是指分布在环绕地球的卫星轨道上（通常为距地面 100～40 000 千米高度的空间内）并已丧失功能的空间物体。在性质上，空间碎片可分为自然成因的宇宙尘（或称微流星体、微陨石）和人为空间碎片。

宇宙尘是起源于星际和行星际空间的微粒尘埃物质，它具有较稳定的粒度（通常小于 1 毫米）、通量和速度分布（高达每秒 11 千米以上），因而实际上构成了空间碎片的背景通量。目前，在典型的卫星轨道空间，宇宙尘的通量比人为空间碎片低两个数量级。

人为空间碎片是指人类在太阳系空间，尤其是地球外层空间的太空探索活动中产生、遗弃的碎片和颗粒物质，也称为太空垃圾，主要由报废的空间装置、失效的载荷、火箭残骸、绝热防护材料、分离装置等，及其因碰撞、风化产生的碎屑物质组成。从航天器角度看，任何可能与它发生碰撞、对它造成危害的物体都应被视为空间碎片。

　　尺寸和质量较大的空间碎片撞击会使航天器表面性能发生重大改变，甚至会使航天器彻底报废。因此，对空间碎片进行系统研究，对重要轨道区域的空间碎片进行编目、监视，并采取适当手段减少空间碎片，缓解空间碎片的危害，已成为科学界和航天界的当务之急。

　　各国航天能力、航天活动频度和航天器（火箭）钝化水平不同，因此航天活动产生的人为空间碎片数量有很大的差别。自 1957 年第一颗人造地球卫星升空以来，截至 2019 年 7 月 1 日，人类共把 8461 颗航天器送入轨道，其中 3432 颗已经陨落，5029 颗航天器仍然在轨。然而，在这 5029 颗在轨的航天器中，仅有 1000 多颗航天器仍然在正常工作，其余的都已经丧失功能变成太空垃圾。在此期间，太空还发生了数百次的航天器或火箭解体、爆炸和撞击事件，产生了数量众多的空间碎片。2009 年 2 月 10 日，美国的"铱星 33 号"（Iridium 33）与俄罗斯一颗已经报废的军用卫星"宇宙 –2251"（Cosmos-2251）在西伯利亚上空相撞，这是人类历史上首例人造卫星在轨相撞并"同归于尽"的事件（图 14-1）。截至 2017 年，北美空防司令部（North American Aerospace Defense Command，NORAD）编目的非机密目标约有 18 000 个，其中 6% 为各类工作卫星，它们的尺寸大部分大于 10 厘米。直径大于 1 厘米的碎片数量估计在 50 万个左右。

　　多数碎片处于近似圆形的轨道上。在 500 千米轨道高度，质量小于 1 克的碎片在轨寿命最多只有几年，之后便陨落消失在大气层中；在太阳活动高峰期间，由于大气密度增大，轨道飞行的大气阻力也随之增大，碎片寿命则可能缩短至几个月；而地球静止轨道上由于没有大气阻力作用，碎

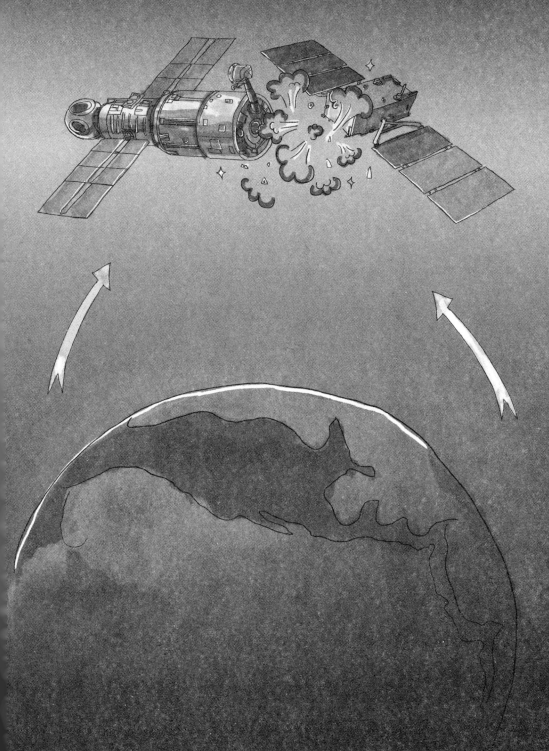

图 14-1　2009 年美俄卫星相撞事件示意图

片将飘浮在太空中永不坠落。由于碎片彼此相撞会产生新的碎片（这种碎片被称为二次碎片），碎片数量还会不断增加，数量巨大的空间碎片已经对空间活动造成了严重影响（图 14-2）。

二、小"流弹"，大威力

空间碎片以每秒几千米到几十千米的速度与航天器发生高速碰撞，在碰撞时释放出来的能量相当于同等质量炸药的 10 倍以上，具有很强的破坏力。微米级空间碎片的撞击会使航天器局部受损，甚至由于关键器件损毁而报废；低烈度撞击的情况下也会破坏航天器的表面，使光学表面砂蚀，从而改变表面的吸收辐射特性，导致航天器无法正常工作；毫米级的空间碎片有可能使航天器表面穿孔、破裂；厘米级的空间碎片，也就是一支铅笔横截面大小的碎片，将使航天器产生灾难性的后果。

风险分析研究表明，一次对电子设备壳体的简单碰撞会产生内部碎片，将导致敏感电子设备严重退化。空间碎片与压力容器碰撞将导致压力容器泄漏或破裂，从而使飞行任务过早终止，并有可能产生更多的碎片。

即使是精心设计的航天器，充分地考虑了对空间碎片的防护，但有些部位也是无法进行防护的，如太阳电池板、通信天线和其他敏感装置。

航天器受较小碎片撞击的可能性较大，在低地球轨道上，碎片直径每减少一个数量级，航天器每平方厘米范围内受到撞击的概率就增加 100 倍以上。以现有数据计算，在空间碎片最密集的轨道空间，典型航天器（横截面积按 10 平方米计算）在 10 年的使用寿命内与大尺寸碎片撞击的概率约为 0.1%，与 1～10 厘米碎片撞击的概率为 1%，而与 1 毫米至 1 厘米碎片撞击的概率几乎为 100%，与小于 1 毫米碎片撞击的事件则更加频繁。

空间碎片对航天器造成的损伤主要有以下几个方面。

第一，改变航天器表面性能。微小空间碎片（直径为微米量级，质量

图 14-2　地球与周围的空间碎片

为微克量级），由于其数量众多，空间密度大，撞击航天器的频率非常高，光学镜头表面会被微小空间碎片"磨砂"而导致成像模糊。对航天器的"被子"——热控材料表面的撞击可能会改变航天器温度，使航天器内部的设备无法正常工作。

第二，在航天器表面造成撞击坑或穿孔。稍大的空间碎片会损坏航天器表面材料，对表面器件造成损伤，使太阳电池供电线路断路。二次撞击和深入航天器内部的撞击作用会造成航天器的"内伤"。空间碎片的能量足够大时，将穿透航天器表面，打坏置于航天器内部的控制系统或有效载荷。

第三，产生等离子体云效应。在太空环境中，高速撞击的空间碎片本身及被撞击的航天器表面材料会发生气化，形成等离子体云，在失重的条件下，等离子体云将依附在航天器表面四处游荡，并可能进入航天器的内部，造成供电失常，使航天器发生故障。

第四，动量传递。大的空间碎片与航天器高速碰撞，将巨大的动能传递给航天器，使航天器的姿态改变，甚至可能改变航天器的轨道。

第五，容器爆炸、破裂。空间碎片撞击可以使航天器表面强度降低，甚至出现裂纹。如果击穿盛有气体或液体的容器舱壁，气体或液体将泄漏。若舱壁有应力集中的现象，或高压容器的舱壁受损，可能会发生爆炸。

第六，结构碎裂。大的空间碎片撞击航天器桁架结构时，可能将整个结构打散，导致整个航天器四分五裂。

随着人类航天活动的不断开展，空间碎片的密度已经对航天器的安全造成严重威胁，特别是近地轨道，碎片密度更大，且其数量仍在增加，空间碎片撞击航天器已经不是小概率事件，而是经常发生。ESA 和 NASA均有卫星装置因受空间碎片撞击而发生故障或报废的实例。

法国军事侦察卫星"西雷斯"（Cerise）于 1996 年 7 月 24 日突然发生

翻滚，后经证实，该卫星姿态失控的原因是其 6 米长的平衡杆与 10 年前发射的"阿丽亚娜"V16 火箭上面级的碎片（国际编号 86-19-390）发生了碰撞，俄罗斯空间监测系统（Space Surveillance System，SSS）监测到了这一碰撞过程。

美国"挑战者号"航天飞机在 1983 年 7 月的第 7 次飞行中被"德尔塔"火箭上脱落下来的 0.2 毫米厚的白漆碎片击中，表面产生一个缺口。

欧洲遥感卫星"ERS-1"（European Remote Sensing 1）、法国的地球观测卫星"SPOT-2"（Système Probatoire d'Observation de la Terre 2）为避免与空间碎片相撞，分别于 1997 年 6 月和 1997 年 7 月采取了避免碰撞的在轨机动措施。研究结果表明，对低地球轨道卫星，每年需要采取 1～2 次在轨机动措施才能保证卫星的安全。

1986～1997 年航天飞机进行了 4 次避撞机动飞行，"和平号"空间站也进行了多次机动飞行，以避开空间碎片。

对回收的航天器（部件）的检测和研究证明，空间碎片对航天器的撞击事件相当普遍。

ESA 对从太空中返回地球的"尤里卡"（Europe Retrievable Carrier，Eureca）卫星表面热控防护层进行了检测和研究，发现了大量撞击坑，大多数撞击坑的直径为 250～500 微米，最大的撞击坑直径达 6.4 毫米。哈勃空间望远镜太阳能电池板上撞击坑更多，直径在 200～300 微米的撞击坑数量是"尤里卡"卫星的数倍之多。

为了获得航天飞机和空间站运行轨道（300～500 千米高度）空间碎片数据，1984 年，NASA 用"挑战者号"航天飞机发射了一个轿车大小的装置——长期暴露装置（long-duration exposure facility，LDEF），并于 1990 年由"哥伦比亚号"航天飞机收回。LDEF 在轨道上停留了近 6 年，检查结果发现在其表面有 3 万多个被空间碎片撞击的痕迹，其中 5000 多个撞击坑直径大于 0.5 毫米，最大的撞击坑直径达 5 毫米。

大型航天器如中国的"天宫一号"空间实验室、美国的"天空实验室"和俄罗斯的"和平号"空间站，在停止工作以后也都成为空间碎片，并最终陨落。由于它们体积庞大，经过大气层时可能不会被完全烧毁，主体部分将会落到地面上，产生巨大的撞击能量，对地面的生命财产安全构成威胁。随着航天器发展到使用核能作为动力，核能源所携带的放射性物质如果发生大面积扩散和污染，后果将极其严重，因此这类航天器（如土星探测器"卡西尼号"）陨落或经过地球附近轨道时，全世界都会紧张地监测和预测它的轨道、具体陨落时间和地点。

空间碎片对航天器有着重大的危害性，甚至会危及在航天器（空间站）外工作的航天员生命安全。碎片物质的撞击是航天器机械损伤和损毁的主要原因之一，也是影响航天器寿命的主要因素之一。空间碎片和航天器的"撞车"事件的破坏后果可能会极其严重。目前世界上很多航天大国都在统一认识，共同采取空间碎片减缓措施，限制新的空间碎片产生，同

延伸阅读

"天宫一号"坠落

在"天宫一号"坠落之前，外媒有关"天宫一号"已失控并将撞向地球，对地面造成安全威胁的说法一时间甚嚣尘上。我国多位航天专家对此回应道："天宫一号"一旦受控坠落，剩余残骸将落入指定海域，不会危害地面。事实也证明了这一点。

2018年4月2日，"天宫一号"目标飞行器坠落于南太平洋中部区域，绝大部分器件在再入大气层过程中烧蚀销毁。据中国载人航天工程官网报道："2018年4月2日8时15分左右，遨游太空6年多的'天宫一号'，在中国航天人的实时监测和全程跟踪下，在预定的时间和范围内再入大气层，化作流星，凤凰涅槃，不留下一丝遗憾，归隐中心点位于西经163.1度、南纬14.6度的安宁寂静的南太平洋。"

时加大开展航天器对空间碎片防护技术的研究力度。

三、"避弹术"

近年来，空间碎片数量的增长极其迅速，太空环境急剧恶化，已经影响到人类的空间活动。如果对太空环境恶化的趋势不采取有效措施，任其持续下去，空间碎片将会击碎人类迈出地球的任何梦想，把我们禁锢在地球上。

（一）中、大尺度空间碎片的探测与规避

由于在尺度、质量和密度上差别极大，对空间碎片的全面探测十分困难。大碎片数量少、碰撞概率低，主要由地球上的望远镜和雷达进行观测。探测能力最强的是美国的"干草堆"（Haystack）远距离成像雷达，能探测到 1000 千米处 6 毫米大小的物体，1990 年以来成为 NASA 空间碎片（1～30 厘米）数据的主要来源。此外，可以通过带有探测器的卫星来进行观测，这种办法在技术上最有效，包括卫星上的雷达、红外光或可见光探测器，但携带这些设备的卫星一般都有军事敏感性，而且造价昂贵。

空间碎片探测系统可以获得空间碎片的以下参数：①轨道根数，描述碎片围绕地球运动的特性；②姿态，描述碎片围绕质心的运动；③碎片的大小、形状、质量及材料性质；④碎片的弹道系数，描述轨道半长轴衰减的参数；⑤碎片的轨道寿命。获得了空间碎片的参数后，可以建立空间碎片的动态数据库，用于航天器的有效规避。美国的卫星（空间碎片）编目数据库是一个动态查询数据库，包含了北美空防司令部所跟踪的近 20 万个绕地球运转的人造物体轨道数据，由 NASA 戈达德太空飞行中心（Goddard Space Flight Center，GSFC）的轨道信息组维护，能够提供轨道根数数据、卫星目录信息和陨落信息、项目信息以及卫星报告等，任何用

户都可登录查询感兴趣的卫星轨道信息。

对于不同尺寸的空间碎片，需要不同的对策。对于中等碎片和大碎片，因动量很大，任何航天器与其碰撞都将产生毁灭性的后果，因此任何防护措施都是徒劳的，唯一有效的措施就是对这些中等碎片和大碎片进行有效探测，获得它们准确的轨道位置，这样航天器才能有效地进行规避。大碎片和中等碎片的轨道参数可以通过地面探测获得，因此，可以发展有效的规避技术来避免航天器与空间碎片的碰撞。首先要精确计算航天器和空间碎片的轨道，预测它们之间的交会距离，当交会距离达到警戒范围时，发出碰撞警报。根据航天器与空间碎片的相对速度和交会方向等参数，计算各种交会距离变化所需的变轨推力的大小和方向，评价各种规避措施的效果，选择最佳措施，以耗费最低的能量（最小的燃料消耗）、最安全的方式（最大的实际交会距离）避开空间碎片。

美国航天飞机的机动飞行依靠北美空防司令部和俄罗斯空间监测系统的数据，当碰撞风险判据为 1/100 000 时，如果发现有物体进入航天飞机周围 5 千米 ×25 千米 ×5 千米范围内，监测网将加强观测，一旦发现碎片将进入 2 千米 ×5 千米 ×2 千米范围内，即执行避撞机动飞行。

航天器的各个部位防御空间碎片的能力不同，不同部件受损的后果也是不同的。相对于航天器而言，在前进的方向上空间碎片的通量比较大，因此，可以将不关键的或不易受损的部位朝向前面，以减少空间碎片的伤害。于是，航天飞机经常会将尾部朝向前面飞行，看起来仿佛在"倒车"。航天器陨落时，调整姿态可以改变面积－质量比，从而改变航天器轨道寿命和陨落地点。

（二）小空间碎片的探测

直径 1 毫米以下的空间碎片用地基设备是无法进行探测的。天基直接探测和对回收样品的分析是获得小空间碎片数据的主要方法。其中，天基直接探测手段包括碎片撞击传感器、天基雷达和天基光学观测等。近年来，碎片撞击传感器多采用金属-氧化物-硅（metal-oxide-silicon，MOS）和等离子体传感器。MOS 传感器是在硅片上氧化形成 1 微米厚的氧化硅层，在其上镀 0.1 微米厚的铝，铝和硅衬底构成电容，加上电压，穿透氧化硅层的粒子将使电容放电，放电电流烧蚀孔周围的铝层，使电容再充电。监测放电脉冲即可获得高速粒子撞击的信息。"克莱门汀号"（Clementine）卫星，正式名称是深空计划科学实验（Deep Space Program Science Experiment，DSPSE）卫星、"阿格斯"卫星（ARGOS，法国与美国合作的第一个全球定位和数据采集卫星系统）、"空间微尘"装置（Space Dust Instrument，SPADUS，搭载于美国空军高级研究和观察卫星上的空间监测装置）、"空间技术研究"卫星（Space Technology Research Vehicle 2，STRV-2）、"强力"卫星（MightySat，美国科学与技术试验卫星）和 SUNSAT-1 卫星（Stellenbosch University Satellite 1，南非斯泰伦博斯大学设计的立体测绘微小卫星）等都采用 MOS 传感器进行过空间碎片探测试验。等离子体传感器则通过测量空间碎片打到传感器表面产生的等离子体，获得空间碎片的速度和方向等参数。

天基雷达探测时与目标的距离较近，分辨率高，且不受大气的干扰，但它的费用比地基雷达高得多。天基光学望远镜是空间碎片探测的有效手段，1983 年由美国、英国和荷兰联合发射的红外天文卫星（Infrared Astronomical Satellite，IRAS）在 900 千米的太阳同步轨道上 10 个月内观测到了 1 万个空间碎片。美国的预警卫星也在同样的轨道上进行导弹和碎片的观测试验。然而由于探测器视距有限，而卫星轨道空间极大（100～40 000 千米高度），在轨道空间用天基雷达或天基光学手段进行空间碎片的观测，效率太低，费效比过高，难以完全覆盖整个卫星轨道空间。

从空间回收的样品反映了空间碎片的最真实情况，可获得碎片物质成分、密度、形状、粒度的直接数据，并分析碎片的物质来源。至今科学家已对众多航天器回收的样品进行了分析，来源包括航天飞机、LDEF、哈勃空间望远镜、"和平号"空间站、"尤里卡"卫星等。对航天器表面或撞击板上撞击坑的分析，可以得到600千米以下空间碎片的通量、质量和成分，并进行撞击影响的评估。由于费用的原因，回收样品的来源主要限于低地球轨道（500千米以下），没有获得过近地轨道空间碎片密度最大区域（1000千米高度附近）的碎片数据，也没有地球同步轨道高度上的资料。

（三）空间碎片的数学模型

任何空间碎片都可以用数学的方法进行描述，对于小空间碎片，由于数量众多，不易探测，用数学模型进行描述和评估是最有效的。空间碎片模型可以有效地描述空间碎片的分布、运动、通量和物理特性，可应用于空间碎片的风险和危害评估、碎片探测率的预估、规避机动飞行的预报和碎片清除效果的长期分析。空间碎片模型可以分为短期（10年以内）和长期（10年以上）两类，每个模型都是以某一时刻的碎片环境为出发点，考虑所有的碎片来源和轨道扰动因素，忽略空间物体破裂后的短期效应，逐步往后推。短期模型主要给出当前的环境，应用于工程设计；长期模型主要预报空间碎片数量、高度、轨道倾角和尺寸，将这些数据作为时间的函数，应用于评估清除空间碎片措施的有效性。空间活动和空间碎片的减缓措施将影响空间碎片的状态，因此空间碎片模型需要不断更新和验证。

此外，高速撞击效应的模拟实验可以重现空间碎片的高速碰撞过程，既可节省费用，又可多次进行，得到规律性的结果。它还可以与天基测量和数值模拟结果进行比较，甚至作为"校准"的样本。数值模拟方法可以用计算机模拟高速碰撞的全过程。

在空间碎片数学模型的基础上，可以进行空间碎片的风险评估，即评估空间碎片与航天器碰撞的概率及其后果。空间碎片风险评估主要考虑空间密度、平均相对速度、航天器飞行截面和时间等风险因子。碰撞效果主要取决于空间碎片与航天器之间的相对质量和成分。对航天器被穿透或失效的风险进行评估，需要航天器结构的详细信息，包括关键分系统的几何形状和防御破坏的能力等。地球同步轨道上的空间碎片除自然宇宙尘颗粒外，只有卫星和末级火箭，数量较少，分布区域较大，平均相对速率较小（仅约每秒 500 米），因此碰撞概率较低。但在某些经度上工作的卫星相对距离很近，有发生碰撞的可能。

（四）小空间碎片的防护

对于小空间碎片，由于无法获得每一个微粒的轨道参数，而且空间密度较大，因此像防御大空间碎片一样进行规避是不可行的。必须结合空间碎片数学模型和高速碰撞试验，通过周密的防护设计来对小空间碎片进行被动防护。

航天器对空间碎片的防护，首先需从结构着手，进行结构防护设计。对小空间碎片防护结构设计技术的研究，源于早期对微流星体撞击的防护。1947 年，美国天文学家弗雷德·劳伦斯·惠普尔（Fred Lawrence Whipple）提出了在主结构之外加装抗微流星体超高速撞击防护层结构的设计理念，后来演变成空间碎片防护结构的基型——Whipple 防护层，但其结构效率低，对撞击速度相对较小的空间碎片的防护能力明显不足。自 20 世纪 90 年代以来，由于空间碎片的大量增加，对低地球轨道航天器而言，人为空间碎片的危害性超过了微流星体，需要设计新的防护结构。

对小空间碎片进行防护，还可从材料着手，研制性能良好的航天材料。目前已经研制成功许多对小空间碎片有防护功能的新型材料，它们有较好的抗高速撞击性能，较高的屈服强度，而且密度很小，一旦经高速撞击受损后，不会形成二次杀伤物和光学器件的污染源。例如，美国 3M 公司生产的 Nextel 系列陶瓷织物在高速撞击受损后，形成的是大量的细小粉末，对后方的结构不再构成威胁。

要提高航天器在空间碎片环境中的生存力，航天器对小型空间碎片的防护，除设计防护结构和新型功能材料外，还必须在航天器的总体设计中贯彻提高在空间碎片环境中生存力的设计思想，把空间碎片撞击作为故障模式和危险后果分析的一个重要因素，通过合理的总体布局设计，提高航天器对小空间碎片的防护能力。加拿大"雷达"卫星在研制过程中，曾委托 NASA 约翰逊空间中心（Johnson Space Center，JSC）进行卫星在轨运行风险度评估。预示分析表明，在 5 年寿命期内该卫星在空间碎片环境中的生存率只有 50%，为此对卫星关键部件调整了布局，增加了必要防护措施（使用新型结构防护材料），由此虽然增加了 17 千克重量，但使"雷达"卫星的预期生存率从 50% 提高到了 87%，效果非常明显。

（五）空间碎片减缓方法

低轨道空间碎片会因大气阻力、太阳光压或其他扰动而陨落，大碎片会因碰撞和爆炸变成小碎片而消失。但在高轨道，空间碎片的寿命很长，自然的陨落无法使空间碎片显著减少。为减少空间碎片，净化地球轨道环境，我们可以采取以下三种方法。

（1）对航天器和火箭采取钝化措施，减缓碎片的产生。NASA、ESA 制定了各种空间碎片减缓指南，要求各国采取以下措施，减少空间碎片的产生。①在发射时尽量减少进入轨道的物体。在可编目的空间碎片中有 12% 是在正常发射时进入轨道的，如紧固件、喷嘴盖、镜头盖等，减少或将这些物件固定可以减少空间碎片。②避免爆炸。爆炸是空间碎片增加的重要原因，36% 的空间碎片是由运载火箭剩余燃料引起的爆炸产生的，因此要求运载火箭完成任务后将剩余燃料耗尽。推进系统失误、过量充电的电池、炸药等也是偶然爆炸的原因。有目的的爆炸（如反卫星等军事目的）应避免。③低轨道航天器工作结束后，应采取措施，降低航天器高度使其再入大气层。通常的办法是预留一些燃料，航天器在预定任务结束后进行机动飞行，降低轨道高度，使其迅速返回大气层。这不仅需要增加航天器的燃料，还要求航天器有变轨飞行的能力，会使航天器的研制费用大幅度增加。近年提出了一种较为节省的办法，即在航天器结束工作以后，抛出一条数千米长的金属绳，利用它运动时切割地磁场产生的阻力，使航天器较快地再入大气层。根据理论计算结果，这种方法是很有效的，仅占航天器质量2%的金属绳，即可使航天器在数星期内移出轨道。④减少航天器表面物质的脱落，如油漆。

（2）设立"垃圾轨道"，腾出有价值的轨道空间，减少空间碎片对航天器的危害。高轨道空间碎片寿命很长，很难自然陨落，而采取机动措施使其下降到300千米以下高度，在航天器机动能力和燃料方面付出的代价过大，事实上难以实施，因此机构间空间碎片协调委员会（Inter-Agency Space Debris Coordination Committee，IADC）提出，在不同轨道高度划分出一些价值不大的轨道空间，用于集中存放报废的航天器，这些轨道空间称为"垃圾轨道"（也称"死亡轨道"或"坟墓轨道"）。这要求中高轨道航天器在工作结束后采取机动措施，进入最邻近的垃圾轨道。

（3）清除碎片。清除碎片是减少空间碎片的根本方法，但经济上难以实施。目前比较可行的方案是利用地基激光炮轰击大碎片使其破裂，激光强度要求很高，并且需要高精度雷达配合，不仅技术难度较大，而且费用很高，当前难以实现。

第十五章 步步惊心的太空人

从万户飞天到"阿波罗"登月，再到未来的"火星移民计划"，人类探索太空的脚步不但从未停止，而且越来越快。如今，人类已经能够摆脱地球引力的束缚，乘坐飞船进入曾经梦寐以求的太空，甚至已经在月球上留下了脚印。然而，太空环境对于人体来说真的很不友好，甚至可以说极度严酷，进入太空的人类必须做好防护，任何一个细节的疏忽都可能导致严重后果，甚至引来性命之忧，可谓是"步步惊心"。前文曾讲到，航天员受到的辐射，是人类在太空探索中面临的主要威胁之一。在太空飞行中，除辐射外，还存在哪些危险因素，航天员又有哪些妙招呢？

一、"十面埋伏"

目前世界上已有不少国家的航天员进入过太空，如苏联的加加林、我国的杨利伟，等等。人类涉足太空越来越频繁，太空移民似乎离人类不再遥远。然而，在太空中，微重力、强辐射、高真空、超低温等多种环境因素都会对人体造成巨大影响，可谓是"十面埋伏"，其中以微重力和强辐射对人体的影响最为显著且难以防护。

太空环境和地球表面环境有很大的不同。由于地球引力在地球表面产生了重力场，即地球表面为 $1g$ 重力环境（g 为重力加速度），而太空处于失重环境，重力非常小。因此我们常看到，在太空中航天员的身体大都是飘浮的状态。长期在太空生活与工作的航天员，必须要适应在这种状态下的吃穿住行等活动。

未经过专业训练的普通人一旦进入微重力状态，短期内会出现头晕、目眩、恶心和犯困等症状，体内器官受到影响。这是因为失重条件下前庭神经系统和中枢神经系统中的一些信号发生改变，造成大脑的错误翻译和不适响应，感觉神经系统紊乱，从而造成空间运动病，但经过 30～48 个小时的适应期，这些症状可基本消退。

由于缺乏重力的向下吸引，全身体液，包括血液等都会向上半身和头部转移，出现颈部静脉鼓胀，眼周肿胀，脸也会变胖，鼻子充血不通气，味觉和嗅觉也会有所下降，症状类似于感冒。同时，与身体上部的变化相反，腿部体积将随太空暴露时间的延长而变小。航天员会发现自己的腿就像两根"棍子"，这就是所谓的"鸡腿综合征"。

微重力环境会造成心血管系统功能失调。在中长期航天飞行中，由于重力缺失、活动减少、代谢需求降低，机体维持在低动力状态，心脏也适应性地处于低动力水平，从而使心肌结构发生退行性改变、下降，泵血能力也随之降低，心肌做功减少。1987 年，苏联航天员亚历山大·伊万诺维奇·拉维金（Alexander Ivanovic Lavikin）乘坐"联盟 TM-2"飞船前往"和平号"空间站执行任务，在空间站驻留期间因心脏多次出现期前收缩而被迫提前终止飞行任务返回地面接受治疗。

微重力环境会使肌肉萎缩，导致活动协调性不足和运动困难，严重威胁航天员返回地面后的出舱行动和健康状况。肌肉萎缩造成的立位耐力的下降使航天员返回地球或登陆其他星球后无法长期站立。

微重力环境还会造成骨钙流失，并最终导致航天员骨质疏松。航天飞行中骨质以每月 1%～2% 的速率丢失，部分航天员飞行 6 个月后下肢骨质丢失达到 20%。骨质丢失程度随航天飞行时间的延长而增加，且在航天员返回地面后依然持续数月之久，使航天员发生骨折的风险增加，严重威胁航天员健康。

与此同时，人们逐渐认识到，宇宙间充满了各种人眼难以察觉的高能粒子辐射。它们与地面放射性物质发出的射线一样具有致命的危害，能够穿透太空舱和航天服，造成航天员身体器官的物理损伤，对航天员的健康和安全产生巨大威胁。

高能粒子辐射主要通过两种机制引起人体细胞损伤：一是高能辐射可直接造成生物活性大分子链断裂、脱落，导致直接损伤；二是高能粒子与人体中大量的水分子结合形成自由基，这些自由基进一步与生物分子发生作用。

也许你会感到疑惑，在地球上也有来自太阳的辐射，为什么并未感觉到这么严重的影响呢？原来人体辐射效应危害非常复杂，其严重程度主要与所受到的辐射粒子能量和辐射剂量大小有关。如果人体只是受到轻微的辐射，如地面上的本底辐射（即自然界中原来就存在的辐射），人体细胞能够很快自己修复损伤。但是在人体受到高剂量辐射的情况下，细胞无法及时修复，就可能造成细胞的死亡或永久损伤，会引起皮肤、骨髓等器官的急性损伤（如引起皮肤晒伤、白内障等），严重时甚至危及生命。而即便是在低剂量辐射情况下，高能粒子也可能诱发细胞产生变异。如果体细胞发生变异，则表现为躯体效应[1]；如果是生殖细胞发生变异，则会表现在受辐射者的后代身上，即表现为遗传效应。因此在载人航天任务中，航天员接受的辐射剂量必须受到严格的控制。

二、致命辐射从何而来？

地球周围的空间环境中，主要存在三种高能粒子辐射源，即地球辐射带、银河宇宙线和太阳质子事件。航天员在太空执行任务时，脱离了地球大气层的保护，直接暴露于这些空间辐射环境当中。在地磁场的空间范

---

[1] 电离辐射对人体细胞的损伤叫作躯体效应，分为急性损伤、慢性损伤、远期效应三种情况。

围内，对航天员和航天器影响最大的是地球辐射带，包括内辐射带和外辐射带，主要由高能质子与高能电子构成。目前的载人航天活动主要集中在500千米以下的低地球轨道上，处于内辐射带底部。这个高度上的辐射带主要集中在两个区域：南大西洋地磁异常区和两极上空区域。辐射带高能粒子的能量相对不高，航天器的舱壁对它们能起到很好的屏蔽作用，但航天员的出舱活动应尽可能避开南大西洋地磁异常区和两极区域，以降低航天员受到的辐射剂量。

银河宇宙线是来自银河系超新星爆发的高能粒子，能量很高，但通量很低，一般不会造成显著的短期效应，但长期暴露在银河宇宙线中会增加不育和癌症的风险。在近地载人飞行任务的轨道上，地磁场屏蔽了大部分的银河宇宙线，因此其影响主要集中在极区附近，轨道越高、倾角越大，银河宇宙线的影响越大。而且由于银河宇宙线能量很高，采用屏蔽材料进行防护的效果并不明显。

太阳质子事件是指太阳爆发活动产生的高能带电粒子流，持续时间从几十分钟到几天不等。强烈的太阳质子事件会产生较大的剂量，对载人航天是一个严重威胁。太阳质子事件与银河宇宙线类似，在近地载人轨道上，受地磁场屏蔽保护，一般产生的辐射较小，剂量贡献主要集中在极区附近，航天器轨道越高，倾角越大，受到的太阳质子事件影响越大。

三、航天员的妙招

为克服微重力对人体的不利影响，保证航天员的健康及飞行任务的顺利进行，必须采取一系列措施，主要包括飞行前的严格选拔和训练、飞行中的防护和飞行后的康复治疗。

航天员在飞行中要高效率地完成各项任务，要求具备良好的体质、耐力、工作能力和心理素质，因此必须经过严格的选拔与训练。航天员的生物医学训练是地面航天员训练工作中的一个重要组成部分，包括体育训练、超重训练、失重训练等方面，旨在提高航天员对航天环境的耐受和适应能力。其中，主要利用抛物线飞行、浸水和头低位卧床进行失重训练。

目前，大多数航天医学生物学家认为，可以采用相应的对抗措施以减少失重对人体的不良影响。飞行中采用一些特殊的对抗措施（体育锻炼和特殊装置），尽量减少体液头向分布和运动功能减退对人体的影响。体育锻炼中包括拉力器锻炼、自行车功量计锻炼、跑台锻炼、穿企鹅服等方式，克服运动功能减退带来的影响。目前，国际空间站的失重生理效应防护以运动防护（体育锻炼）为主，着重围绕骨骼、肌肉、心血管失重生理效应，兼顾生物节律和免疫内分泌功能紊乱实施医学防护。当然，在运动防护的基础上，物理措施也是经常采用的防护手段，航天飞行中通过下体负压装置、下体负压裤、大腿环带阻滞等装置改变体液分布，以对抗失重导致的体液头向分布及一系列后续反应。

在空间辐射方面，目前的常规载人飞行，如"神舟"载人飞船、"天宫"和国际空间站，都运行在300～500千米的低地球轨道上，地磁场能够在很大程度上保护航天员，降低空间辐射的严重影响。另外，航天器舱壁和航天服等的屏蔽防护，再加上飞行时间一般比较短，通常情况下空间辐射对航天员的危害并不大。但当太阳风暴发生的时候，太阳如同打喷嚏一般会喷出大量的高能粒子，这些高能粒子对航天员的影响就要大很多。对于未来的星际载人飞行，如载人登月和载人火星任务等，由于失去了地磁场的保护，银河宇宙线和太阳风暴的影响会更加严重。

为了保障在轨航天员免受高能粒子辐射的严重影响，载人航天任务实施过程中采取了大量的辐射防护措施，包括对太阳风暴进行监测预警，制订各种情况下的飞行计划与操作预案，在航天器中建造专门的辐射避难装置等，尽可能地将航天员所受的辐射降低到安全程度。

与国际空间站、美国航天飞机等相比，我国"神舟"载人飞船由于轨道高度和倾角较低，受到的辐射剂量相对更低。但是，如果遭遇特大太阳质子事件，特别是同时伴随有大地磁暴时，高能质子就有可能扩展到低高度和较低纬度地区，从而威胁航天员健康。特别是在航天员进行舱外太空行走时，由于航天服的辐射防护能力远远弱于航天器的舱壁，所以太阳质子事件对舱外航天员的健康安全威胁更大。因此航天员出舱活动必须关注空间环境预报，应尽量选择空间环境平静期，避开太阳爆发事件。

当航天员需要进行舱外活动时，必须穿上舱外航天服（图 15-1）。这件特制的衣服就是一艘穿在身上的小型飞船，是保障航天员生命活动和工作能力的个人密闭装备，可防护空间的真空、高低温、太阳辐射和微流星等环境因素对人体的危害。下面就来看看典型的航天服都有哪些。

（一）第一件航天服

第一件真正进入太空的航天服是苏联的 SK-1 航天服。1961 年 4 月 12 日，苏联航天员加加林乘坐"东方 1 号"飞船实现了人类首次进入太空的创举，他当时穿的就是 SK-1 航天服。这款航天服不仅可以全面抗压，还有一个辅助的生命保障系统。

在重新进入地球大气层以后，加加林从飞船中弹出并使用降落伞着陆。加加林的着陆地点是一处农田，当时一个农夫和他的女儿恰好在耕作。加加林后来回忆道：当看到我穿着橘红色的航天服，戴着大大的头盔并拖着降落伞走过来时，这对父女吓得一直往后退。我告诉他们不要害怕，我跟他们一样都是苏联人，我刚刚从太空降落到地球上，需要向莫斯科打电话报告。

（二）登月航天服

历史上最著名的航天服可能就是美国航天员阿姆斯特朗登上月球时所穿的那一件了。与普通航天服不同，登月探索需要航天员和飞船彻底分

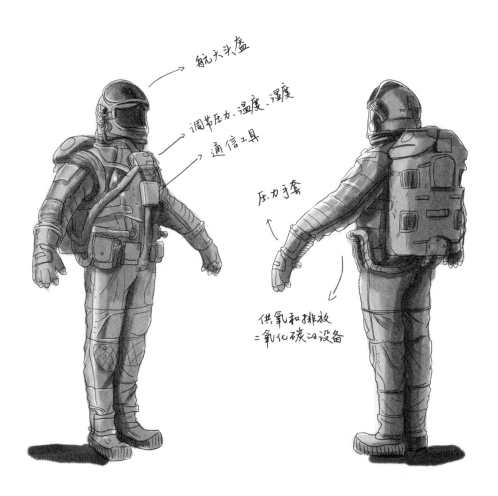

航天头盔

调节压力、温度、湿度

通信工具

压力手套

供氧和排放
二氧化碳的设备

图 15-1　舱外航天服

离，因此科学家为这款航天服设计了背包式生命保障系统。该系统可连续7个多小时供氧，还具有保持气压稳定、过滤二氧化碳和冷却的功能。

（三）中国航天服

我国研制的"飞天"舱外航天服，支持了"神舟七号"航天员出舱行走。舱外航天服在结构上分为6层。

第一层是航天员贴身的内衣。由于航天员在长期飞行过程中不能换衣服，大量的皮脂和汗液会污染内衣，因此，所有内衣都是用质地柔软、吸湿性和透气性良好的优质棉针织品制成的。

第二层是保暖层。它是用保暖性好、热阻大、柔软、轻质的材料，如超细高保暖合成纤维、羊毛等制成的，用以保持舒适的温度环境。

第三层是通风层和水冷层，在航天员体热过高时，这一层以不同的方式散发热量。

第四层是气密限制层。航天员在舱外执行任务的过程中，处于真空环境中。气密限制层可以保持航天员身体周围有一定压力，选用强度高、伸长率低的织物制成，如涤纶织物等。

第五层是隔热层。它是用多层镀铝的聚酰亚胺薄膜或聚酯薄膜制成的，各层之间夹有非织造布作为衬垫。它在航天员于舱外活动时在过热或过冷的外界条件下起保护作用。

第六层是外罩保护层。它是航天服最外面的一层，具有防火、防辐射和防宇宙中各种因素对人体危害的作用，用银白色镀铝织物制成。

与航天服配套的还有头盔、手套、靴子等。重而不笨、行动灵活，是中国舱外航天服的一大特点。设计师在上肢的肩、肘、腕和下肢的膝、踝等关节处，使用了气密轴承。在轴承的作用下，航天员的手脚可以随意转动，同时能严格保证气密性。手背则用上了可以翻折的热防护盖片，不仅能提高手指的热防护能力，还能保证手指的关节活动性。舱外用的手套，看上去特别厚实，把大拇指以外的 4 个指头缝合在一起的话，有点像拳击手套。手背为白色，手心和指头是灰色的——密密麻麻的灰色橡胶凸粒，具有防滑和隔热的作用。

"飞天"舱外航天服躯干壳体为铝合金薄壁硬体结构，壁厚仅 1.5 毫米，却有极高的强度要求。抗压能力超过 120 千帕，经得起地面运输、火箭发射时的震动，还要连接服装的各个部位，承受整套服装 120 千克的重量。服装的气液控制台，可自动控制气体液体流动，使航天员得到适宜的空气和温度。服装最外层的防护材料，面料可耐受正负 100 摄氏度以上的温差变化。服装携带的氧气瓶，采用复合压力，既保证安全又能携带尽可能多的氧气。一套舱外航天服相当于一个独立的载人航天器。

（四）SpaceX 航天服

2018 年 2 月，SpaceX 成功发射的"重型猎鹰"火箭，将一位名叫"星际人"（Starman）的假人和一辆特斯拉跑车送上了太空。其实这位"星际人"不仅仅是特斯拉跑车的司机，实际上它还肩负了另外一个特殊使命，那就是测试 SpaceX 设计研发的航天服。SpaceX 首席执行官马斯克曾在社交网站上表示，未来将会让航天员穿着这件太空服乘坐"龙"飞船进入太空。

SpaceX 设计研制的航天服，摆脱了传统航天服的臃肿感，外观简洁，线条流畅，板型紧凑，贴合身体，采用白色一体设计，搭配黑灰色线条，看上去更有科技感，整体设计可谓兼顾了干练与时尚。同时，有着"硅谷钢铁侠"之称的马斯克，也正在致力于降低太空旅行的价格，实现普通人的太空旅行之梦。他说过这样一句话：我的太空梦是让人类成为多星球物种，我们应该在火星或月球及太阳系的其他地方有自我维持的文明。

说不定，在不久的将来，太空旅游就像是出国游玩一样普及，到那时，我们每个人都可以穿上航天服，体验真正的太空漫步。

第十六章 天地大冲撞

1998 年，美国科幻灾难电影《天地大冲撞》讲述了一颗彗星将要撞击地球时，人类实行了最后的"方舟"计划拯救地球的故事。在这里，我们所谓的"天"，指的是来自天上的小行星、流星和彗星，而"地"则是我们人类的家园——地球。最著名的天地大冲撞应该是大约 6500 万年前，一颗直径 10 千米的小行星撞到地球，导致恐龙灭绝（图 16-1）。虽然这一极端严重的现象非常罕见，但天体撞击地球事件时有发生，被认为是人类面临的主要威胁之一。科学家认为，直径 5 千米的小天体就可以给人类文明带来灭顶之灾。小天体撞击地球的能量相当于 1000 万颗广岛原子弹，碰撞冲击波将毁灭半径 300 千米之内的任何事物，并且可能产生"碰撞冬天"效应（指全球火灾产生的烟尘可能会长期阻挡阳光，造成寒冷和黑暗），多数生物将灭亡。

一、小天体的威胁

　　在地球的历史上，发生过多次被小天体撞击的事件。尽管漫长的地质作用已将小天体留在地球上的绝大多数痕迹抹去，然而，全球各处发现的众多陨石坑有力地证明了地球历史上难以计数的撞击事件。在地球上已被确认的大陨石坑中，以美国亚利桑那州的"巴林杰"陨石坑最有名。坑的直径约 1240 米，深 170 多米，坑的周围比附近地面高出约 40 米。根据考察，这一陨石坑是两万年前由一直径约 60 米、重约 10 万吨的陨石体以每秒约 20 千米的速度撞击地面形成的。地球上最古老、最大的陨石坑弗里德堡陨石坑直径为 250～300 千米。

图 16-1　小行星撞击地球导致恐龙灭绝

在人类有史以来的书面记载中，有没有过撞击事件的记录呢？答案也是肯定的。NASA 发布了 1988～2018 年 2 月全球范围内小天体撞击事件的分布统计情况，从统计结果来看，小天体撞击地点较为分散，并无明显分布规律。下面讲讲近年来的几起著名的陨石撞击事件。

（一）车里雅宾斯克州陨星事件

俄罗斯当地时间 2013 年 2 月 15 日 12 时 30 分，一颗陨星坠落在乌拉尔山脉东麓车里雅宾斯克州的萨特卡市附近。在事发当地，一些监控摄像头和驾车者的行车记录仪意外拍摄到这位天外来客快速掠过天空的惊人天象。陨星飞行速度非常快，一道白光出现后，可听见数声巨响。陨星坠落引发的强烈冲击波使数百栋房屋的大批窗户玻璃受损。据官方报道，该事件造成的损失约 10 亿卢布（约合 2.07 亿元人民币），并致使 1200 多人受伤。

据 NASA 估计，造成这次事件的陨星直径约 17 米，质量近 1 万吨，陨落期间的飞行速度约为每秒 18 千米（远超人造卫星的飞行速度）。这位天外来客以很大的入射角（大于 70 度）斜向闯入地球大气层，光芒之强度超过太阳，并在距离地面 15～20 千米处爆炸。用天文学术语来说，这是一颗火流星，在 200 千米外都能看到。次声波监测显示，这颗流星体从进入地球大气层到最终瓦解，历时仅 32.5 秒。事件发生后，俄罗斯科学家在相关地区先是找到了一些 0.5～1 厘米大小的陨星碎片，并据其化学和矿物成分判定肇事者乃是一颗普通球粒陨星。有报道称，在事件发生后的 10 天左右，人们发现的最大陨星碎片质量约为 1.8 千克。这颗俄罗斯陨星创造了一项纪录——自 1908 年以来撞击地球的最大陨星。

（二）香格里拉市陨石坠落事件

北京时间 2017 年 10 月 4 日 20 时 7 分 5 秒，地球遭遇了一次小行星撞击事件，撞击地点为云南省香格里拉市区西北 40 千米处，所幸的是，此事件未造成人员受伤及房屋受损。

根据目击者的拍摄记录，一团持续不到 5 秒便迅速消失的神秘火光照亮了香格里拉夜空。对于这一现象，大家众说纷纭。有学者表示，这是继 2014 年锡林郭勒小行星之后，又一次发生在我国上空的小行星撞击事件。

针对这一神奇现象，美国加州理工学院近地小行星研究人员称，据 NASA 公布的卫星观测结果，这次小行星撞击事件爆炸当量相当于 540 吨 TNT[①]，比 2014 年的锡林郭勒事件（450 吨 TNT 当量）略强。此次撞击的小行星相对地球的速度为每秒 14.6 千米，空爆高度只有 37 千米，很可能有未燃尽的陨石落到地面。因小行星撞击会产生冲击波传到地面，事件发生地距离香格里拉市区较近，因此当地居民受到影响。

遗憾的是，当地地形崎岖，寻觅落地陨石的难度很高，目前仍无可靠证据表明香格里拉陨石已被寻获。根据初步计算及以往类似陨石事件的比较，香格里拉市陨石坠落事件中估计有多颗千克级的陨石落到地面。2003 年 3 月 26 日发生在美国伊利诺伊州的森林公园小村（Village of Park

延伸阅读

恐龙灭绝之谜

恐龙灭绝的原因一直众说纷纭，但最具说服力的说法是在恐龙时代，一颗直径 6 英里的小行星撞击了地球，导致生物总量的 90% 都在白垩纪末期消亡。在度过了撞击后的降温期之后，大气层中过剩的水蒸气和二氧化碳引发了温室效应。温室效应会如火炉一般烘烤地球，彻底改变了地球的生物学和气候环境。包括恐龙在内的许多动植物可能在严寒中幸存下来，却在接下来的极端炎热的环境中丧生。

[①]三硝基甲苯，常用炸药成分之一，通常用 TNT 当量作为爆炸、地震、星体撞击等大型能量反应的计量单位，每千克 TNT 炸药可产生 420 万焦耳的能量。

Forest）事件，与香格里拉陨石事件的能量级别相近，接近 500 吨 TNT 当量，共寻获大约 18 千克的陨石。而香格里拉陨石的坠落速度更低，有利于更多陨石完整落到地面。但事实上，陨石的具体成分复杂多变，如果这颗火流星不含有金属类成分，是很难有陨石能抵达地面的。

（三）吉林市陨石雨事件

1976 年 3 月 8 日 15 时 1 分 50 秒左右，在我国吉林省吉林市附近地区，一颗重约 4 吨的陨石以每秒 15～18 千米的速度从天而降。由于受到高温高压气流的冲击，陨石不断发生破裂，在距离地面约 19 千米的高空发生了一次爆裂，大大小小的陨石碎块散落下来，形成了吉林市陨石雨。吉林市陨石雨降落在吉林市永吉县及蛟河市近郊附近大约 500 平方千米的范围内，陨石的数量、重量、散落范围世所罕见。吉林市陨石雨降落时，铺天盖地，巨大声音方圆几百里外清晰可闻，落地的巨响和冲击波，震碎了无数居民住宅的玻璃窗。然而，威力如此巨大，却未造成人畜伤亡，实在神奇。

这些天地大碰撞事件使一些人惶恐不安，乃是自然的本能反应。那么，当今人类能对此类事件做出比较可靠的预报吗？人们是否有能力采取有效措施，使将要发生的重大撞击事件得以避免呢？对此，还得从太阳系的组成说起。

二、"肇事者"从何而来？

据科学家推测，太阳及太阳系诞生于大约 46 亿年前。太阳系内的天体种类繁多，除太阳、行星（含矮行星）及卫星等主要天体外，还包括彗星、小行星和流星体等多类小天体。行星沿近圆轨道绕太阳公转，卫星则绕各自的母行星运转，它们之间是不会互相碰撞的。小天体的情况则不同，它们的运行轨道可以是圆、椭圆、抛物线甚至双曲线，在运动过程中有可能同地球公转轨道相交，与地球近距离交会，甚至与之发生碰撞。

彗星由彗核、彗发和彗尾组成，在远离太阳时彗星仅剩下彗核，本质上与小行星无异。彗星回归太阳附近时会因太阳光和太阳风的作用使部分物质挥发掉，一旦多次回归后可挥发物损耗殆尽，彗星也就成了一颗小行星。

小行星也绕太阳公转，大部分小行星的运动轨道位于火星和木星公转轨道之间，构成主小行星带。除主小行星带外，海王星轨道外侧还有一个被称为柯伊伯带的小行星聚集区。少数小行星的运行轨道会进入地球轨道，甚至进入金星或水星轨道内，称为越地小行星。在地球附近经过的越地小行星又可称为近地小行星或掠地小行星，它们可能对地球造成巨大的威胁。

流星体就是"迷你型"小行星，本质上只是一些尘埃微粒和微小固体块，它们数量众多，在太阳系内可谓俯拾皆是。流星体也绕太阳运动，一旦接近地球时便会闯入大气层。这些微粒与地球的相对运动速度低则每秒十几千米，高则可达每秒 70 余千米，因而会与地球大气分子发生剧烈摩擦而燃烧发光，在夜间天空表现为一条光迹——流星（图 16-2）。流星中特别明亮的又称火流星，出现时或可听到声响。流星和流星体是两个不同的概念——流星体是一种实体，流星是由流星体造成的一类天象。

流星体一般很小，肉眼可见流星体的直径在 0.1～1 厘米。大部分流星体进入地球大气层后气化殆尽，只有少数大而结构坚实的才能因燃烧未尽而有固体物质落至地面，这就是陨星，而陨星撞击陆地所形成的凹坑称为陨击坑或陨星坑。按化学和矿物学成分，陨星又可分为石陨星（陨石）、铁陨星（陨铁）和石铁陨星三类。

许多直接和间接的证据表明，在太阳系形成以来的漫长时期中，包括地球在内的太阳系天体不断受到彗星、小行星、流星体等小天体的撞击。人们早已知道月球上布满了不同大小的环形山，其中直径大于 1 千米的达

图 16-2　流星雨

33 000多个，最大的直径竟达200千米左右，它们绝大多数都是小天体撞击月面后生成的陨击坑。随着天文观测水平的提高，人们已经发现不仅在水星、金星、火星这些类地行星的表面上，而且在不少行星的卫星上，甚至在一些小行星上，都分布着许多因小天体撞击而生成的大小不等的坑穴。

1994年7月发生的"苏梅克－列维九号"彗星与木星相撞事件表明，大规模天体撞击事件目前仍有可能发生。虽然隔着遥远的太空，我们听不见任何声音，但是每一次撞击，都让"隔岸观火"的全世界的人惊出一身冷汗，我们也不禁陷入了深深的沉思——地球是否也会有这样一天？因为我们的地球也遭受着同样的威胁。尽管木星巨大的身躯可以阻挡许多来自太阳系深处的天体，但是还有很多天体是它无法阻挡的。

就在彗木相撞发生的20世纪90年代，科学家还有一个重大发现，那就是希克苏鲁伯陨石坑。这个陨石坑位于墨西哥尤卡坦半岛，直径约为180千米。科学家的研究显示，这个陨石坑形成于大约6500万年前，与白垩纪－第三纪恐龙灭绝事件的年代相吻合。因此，科学家目前普遍认为，正是当时一颗直径达10千米的小行星撞击此处，形成了巨大的陨石坑，也彻底导致了地球当时的霸主——恐龙的灭绝。

一想到这里，科学家不禁后背发凉：如果未来有其他小行星撞击地球，是否会导致人类灭绝呢？如果"苏梅克－列维9号"彗星撞击的不是木星，而是地球，那么我们今天还能幸存下来吗？

总之，小天体对地球（以及其他天体）的撞击，在太阳系历史上乃是一种颇为普遍的现象，未来地球仍存在遭受此类撞击的风险，人类绝不能掉以轻心。

三、保卫地球

19世纪法国的一幅漫画描绘了天体撞击事件所造成的恐怖局面：一

延伸阅读

震惊世界的彗木相撞事件

1993 年 3 月，美国著名天文学家尤金·摩尔·苏梅克（Eugene Merle Shoemaker）和卡罗琳·苏梅克（Carolyn Shoemaker）夫妇及天文爱好者大卫·列维（David H. Levy）在美国帕洛马山天文台发现了一颗已经分裂成 21 个彗核的彗星，这些彗核像大雁般排成整齐的一列，长度竟有 200 万千米。这是他们发现的第九颗彗星，因此按照国际星体命名规则，依据三位发现者的姓氏命名。轨道计算表明，这颗不幸的彗星上一次逼近木星的时间是 1992 年 7 月 7 日，它离木星太近了，以致穿过了木星引力的洛希极限①，此后虽然得以逃脱，却被木星强大的潮汐力撕碎。1994 年 5 月，小行星中心主任、天文学家布莱恩·马斯登（Brian Marsden）推算出"苏梅克-列维九号"彗星将于 1994 年 7 月与木星撞个正着！果然，全世界都在关注这次千年难遇的天象奇观，正在太空运行的哈勃空间望远镜和"伽利略号"木星探测器等也观测到，"苏梅克-列维九号"彗星的 21 个彗核像一列高速火车一样向木星飞驰而去。格林尼治标准时间 7 月 16 日 20 时 15 分，第一颗彗核以每秒 60 千米的速度撞上了木星，紧接着，其余的彗核接二连三地向木星撞击而去，释放出巨大能量，上演了太阳系历史上极为壮丽的一幕。

彗木相撞成为天文学史上第一次准确预报并观测到的太阳系天体的大规模撞击事件。有人估计，彗木相撞所释放的能量约合 40 万吨 TNT 当量，相当于 17 亿颗广岛原子弹，这一事件如发生在地球上，即使撞上荒无人烟的沙漠或坠落海洋，其后果也不堪设想。

---

① 一个天体受到另一个天体的潮汐力与该天体自身的引力相等时，二者之间的距离称为洛希极限，由爱德华·洛希（Edouard Roche）首次计算提出。当两个天体之间的距离小于洛希极限，其中较小的天体就会倾向解体。

颗面目狰狞的超级魔星把人类的美好家园——地球撞得四分五裂。漫画形象固然夸张，但是对天体撞击事件后果的描绘却并不为过。

像"苏梅克-列维九号"彗星这样的小天体如果撞到地球，首先会在撞击处造成一个巨大的爆炸火球，冲击波会将周围数公里内所有生物完全摧毁；大量的尘埃和撞击碎片会被抛到空中，其中的碎片会化身为不计其数的流星，在下落过程中和大气层摩擦而被点燃，然后溅射到附近非常大的范围内，造成二次伤害；一同降下来的还有恐怖的酸雨，酸雨中的硫有一部分来自小天体自身，还有一部分埋藏在地表以下，但是被撞击炸到了天空中。这些硫化物和氮化物既可以导致酸雨，也可以变成有毒气体，腐蚀陆地生物和海水，同样是导致大范围灭绝的黑手之一；氮氧化物和被抛射起来的碎片会破坏臭氧层，失去臭氧层保护的地球生物将会遭受严重的太阳紫外线辐射；同时，其余的尘埃会形成遮天蔽日的阴霾，这种阴霾不是像北方地区的沙尘暴一样很快就过去了，而是会飘浮几个月甚至数年。在这种情况下，地球将无法接收到阳光，导致全球范围内的温度降低，植物无法进行光合作用，全球的氧气不断减少。植物、动物先后死去，人类也将面临悲惨的处境。

如果撞击地球的小天体再大一点，后果将更加不堪设想。美国天体物理学家和射电天文学家格瑞特·L. 维斯丘尔（Gerrit L. Verschuur）表示：如果撞击地球的是直径超过 5 千米的天体，那么地球上的人类将会完全灭绝。而计算机模拟结果甚至认为，1 千米的小天体就足以给人类致命一击。

总之，无论是多大的天体，我们都不希望看到它们撞击地球的那一天。幸运的是，"苏梅克-列维 9 号"彗星撞上的不是地球，而是木星，这也让我们捏了一把汗，同时也不得不思考：如果有一天，真的有直径数千米的小天体撞击地球，我们该怎么办呢？未来地球确实存在遭受小天体撞击，以至发生重大灾难性事件的可能性，人们必须认真考虑对策，未雨绸缪，防患于未然。

早在20世纪90年代初，科学家已开始较为深入地探讨小天体撞击事件的可能性及其对人类的潜在威胁。1991年7月，在美国召开了一次近地小行星探测研讨会。会议报告明确指出，地球会受到小天体的偶发性大规模撞击，并可能导致灾难性的后果。报告特别强调最大的威胁来自直径0.5～5千米的小天体撞击事件，这类事件所释放的能量范围为10亿～10万亿吨TNT当量，轻者可造成局部区域的大范围灾变效应，重者可破坏全球的生态平衡，并导致数亿乃至数十亿人死亡。

　　小天体的体积越大，数目越少，撞击发生的频率越低，但撞击的后果越严重。据估计，直径0.5～5千米的近地小天体的总数超过1万颗。这些小天体虽然目前轨道比较稳定，但是身材较小，很容易遭受干扰，轨道发生偏离，从而可能撞到地球上。同时，直径10米左右的近地小天体可能有1000万颗，平均每10年会有一颗撞击地球；直径30米的近地小天体有130万颗，平均每200年会有一颗撞击地球。

　　科学家已经意识到，大的撞击事件尽管非常罕见，但是必须认真地评估各类撞击事件发生的可能性，以及可能造成的危害。2013年俄罗斯车里雅宾斯克州陨星事件中，尽管陨星直径仅有17米且在高空爆炸，但是因事件发生在城市附近，所以造成大批建筑物受损和1200多人受伤。

　　为了避免或尽可能减轻撞击事件带来的灾难，首要的任务是设法判明在上述范围内有哪些小天体可能会撞击地球——通过观测找到它们，计算出它们的运行轨道，确认潜在的肇事天体，包括它们的大小和撞击事件可能发生的时间，然后采取相应的对策。毫无疑问，对全天小天体的探索需要广泛的国际合作，必须在全球不同的地方设置专用的天文望远镜，以做到使潜在的肇事天体无一漏网。

　　一旦发现某颗小天体将会撞击地球，那么以目前人类的科技水平，完全能做到及时提前发射一艘无人飞船去拦截这位天外"不速之客"，而科学家已经设计了多种具体方案来改变入侵者的运行轨道。例如，在它的附近引爆一颗氢弹，爆炸产生的推力只需稍稍改变一下入侵者的运行轨道，地球的潜在威胁也就解除了，这要比把小天体炸碎更易于实现。又如，利用飞船在小天体附近组装一个巨型太阳灶，利用太阳能使小天体物质升华、蒸发，随着质量的减少，这位天外来客的运动轨道便会发生改变，地球便可躲过一劫。有人甚至设想，为小天体安上一些大型风帆式装置，利用太阳风和太阳光压对帆的推力，把疑似入侵者的小天体"吹"离原有轨道，威胁地球的入侵者也就不存在了。

彗木相撞的准确预报，并不能使人类对未来可能发生的小天体撞击地球事件高枕无忧。准确预报的前提是必须及早通过天文观测发现潜在的入侵者，并随时跟踪其轨道的变化和撞击地球的可能性。对于比较大的小天体做到这一点并不难，它们在相当远的地方就可以被观测到。但是对于那些"迷你"型的小天体，只有当它运动到相当接近地球时才能被观测到，而这时一旦发现它会撞击地球，人们要想采取有效措施改变其运动轨道恐怕为时已晚，也许只能眼睁睁地看着它以疯狂的速度撞向地球上某个地方。

不过，现在做不到的事情未必将来也做不到，人类的科技发展史充分说明了这一点。随着天文观测技术的日益长进，人们必将会对各类小天体撞击事件做出准确的预报，并能采取相应的措施予以有效规避。

浩瀚的太空危机四伏，我们的地球家园也并非完全平静无忧。经过了几万年的人类社会发展和生态变化，地球的二氧化碳含量已达历史峰值，导致全球温度不断上升，会不会在不远的未来，人类与地球和谐共处的局面不再，地球也将不适宜人类居住？我们将如何应对？这些关系到整个人类共同命运的问题已经引起了科学家的思考。

第十七章

科学难题

为纪念创刊 125 周年，世界著名的《科学》(*Science*) 杂志于 2005 年 7 月评选出了 125 个最具挑战性的科学问题，这些问题涉及生命科学、物理学、数学等领域。其中，关于宇宙和地球的问题占 16%，如宇宙是否唯一？宇宙是由什么构成的？是什么驱动宇宙膨胀？黑洞的本质是什么？地球生命在何处产生、如何产生？天文学家把有关宇宙的核心难题归结为"一黑、二暗、三起源"，即黑洞，暗物质与暗能量，宇宙起源、天体起源与生命起源，对这些问题的回答，不仅有助于我们理解宇宙，对人类的未来也至关重要。

一、黑洞

黑洞是根据广义相对论所推论、在宇宙空间中存在的一种质量非常巨大的天体（并非一般认知的"洞"概念）。黑洞是由质量足够大的恒星在核聚变反应的燃料耗尽后发生引力坍缩而形成的。黑洞的质量无比巨大，因此它产生的引力场也无比巨大，以至于大量可观测物质和辐射都无法逃逸，就连宇宙中跑得最快的光都会被黑洞拉住而逃不出它的"魔掌"，因此用肉眼是看不见黑洞的。因类似于热力学上完全不反射光线的黑体，故名黑洞（图 17-1）。在黑洞的周围，存在着一个无法探测的事件视界，也就是黑洞外边界的临界点，而在黑洞中心有一个密度趋近于无限大的奇点。

当星体发生超新星爆炸时，中子星被挤压成更高密度状态，在没有其他力量足以抵挡强大压力的情况下，整个星球会不断地缩小，最终形

图 17-1　黑洞

成黑洞。截至 2019 年，天文观测发现质量最小的黑洞大约有 3.3 倍太阳质量。

黑洞无法直接观测，但可以通过间接方式发现它的存在，并且观测它对其他事物的影响。通过观测物体被吸入黑洞之前因高热而放射出的紫外线和 X 射线，可以发现黑洞的存在；通过观测恒星或星际云气团围绕黑洞运行的轨迹，可以推测黑洞的位置及质量。

黑洞是天文物理史上最引人注目的题材之一，在科幻小说、电影甚至报纸中经常可见将黑洞作为素材。迄今，黑洞的存在已得到天文学界和物理学界绝大多数研究者的认同，天文学界不时观测到表明黑洞可能存在的事例。

（一）黑洞的形成

恒星有生命周期，并通过不断的核聚变维持其能量以抵抗自身造成的引力。一颗恒星从氢元素开始其聚变历程，逐步产生其他重元素并且逐步膨胀，至于具体聚变为哪一种元素则取决于每个恒星本身，如太阳拥有 90 亿年的氢聚变和 10 亿年的氦聚变，质量更大的恒星因具有足够能量，则可以向更高级的核聚变发展，产生更重的元素，但是即使恒星的质量再大，其核聚变的极限也只能到达铁元素（质子序数为 26），因为铁元素并非核聚变材料。铁原子拥有最稳定的原子核，是核聚变与核裂变的"终点"。准确地说，最稳定的铁原子核是铁 –56，其中包含 26 个质子和 30 个中子。铁之前的元素进行核聚变会释放出能量，铁之后的元素进行核裂变会释放出能量。大质量恒星内部的核聚变到铁元素就停止了，最后在恒星中心形成一个不稳定的铁核，而中小质量恒星由于温度太低，聚变过程根本到达不了铁元素。原子核总会朝着最为稳定的形式演变，只要时间足够漫长，最稳定的铁 –56 也许会是宇宙中所有元素的终点。

恒星质量越大，寿命越短，若一颗恒星的质量是另一颗恒星质量的 3

倍，则寿命只有后者的约 1/750。恒星演化到末期，由于无法进行更高级的核聚变以抵抗引力，便会发生严重的坍缩，坍缩的结果因引力不同而有巨大差异，如太阳最终将成为白矮星，质量超过 3 倍太阳质量（奥本海默[①]极限）以上的恒星最终将成为黑洞。

（二）事件视界

事件视界又称黑洞视界，事件视界以外的观察者无法利用任何物理方法获得视界以内的事件信息，或者受到视界以内事件的影响。事件视界是黑洞名称来源的根本原因，是黑洞的最外层边界，在此边界内连光都无法逃脱。黑洞视界的存在是我们无法直接观测黑洞的根本原因。

（三）光子球

光子球是一个零厚度的球状边界。在此边界所在位置上，黑洞的引力造成的重力加速度，刚好使部分光子以圆形轨道围着黑洞旋转。对于非旋转的黑洞来说，光子球半径大约是施瓦西半径[②]的 1.5 倍。这个轨道不是稳定的，随时会因为黑洞的成长而变动。

黑洞外围假想表面是包覆着的光子球层，如果光线与光子球层以切线方式擦身而过，引力便能抓取光子，使之沿着光子球层，永远绕着黑洞旋转，类似卫星绕地球旋转一般。其他的致密星，如中子星、夸克星等也可能会有光子球。

---

① 尤利乌斯·罗伯特·奥本海默（Julius Robert Oppenheimer），著名美籍犹太裔物理学家，美国"曼哈顿计划"的领导者，被誉为"原子弹之父"。
② 施瓦西半径是任何具有质量的物体都存在的一个临界半径特征值，1916 年由德国物理学家、天文学家卡尔·施瓦西（Karl Schwarzschild）首次提出。物体的施瓦西半径与其质量成正比，实际半径小于其施瓦西半径的物体被称为黑洞。太阳的施瓦西半径约为 3 千米，地球的施瓦西半径只有约 9 毫米。

（四）原初黑洞

在宇宙大爆炸初期，宇宙早期膨胀之前，宇宙某些局部空间的物质分布过于密集，导致物质直接坍缩形成黑洞，这类黑洞叫作原初黑洞。原初黑洞是理论预言的一类黑洞，目前尚无直接证据支持原初黑洞的存在。这类黑洞不是由大质量恒星的引力坍缩形成的，而是来源于宇宙大爆炸初期暴胀时物质的超高密度。原初黑洞的质量与局部超高密度空间的尺度有关，因此原初黑洞的质量可以小于恒星坍缩生成的黑洞。根据霍金的理论，黑洞质量越小，蒸发越快。质量非常小的原初黑洞可能已经蒸发或即将蒸发，而恒星坍缩所形成的黑洞蒸发时间则需要很久。根据霍金辐射理论，与太阳质量相当的黑洞需要 10^{67} 年才能蒸发，银河系中心的黑洞需要 10^{87} 年，而宇宙中最大的黑洞可能需要 10^{100} 年才能蒸发掉。天文学家期待能观测到某些原初黑洞最终蒸发时发出的高能伽马射线。

延伸阅读

黑洞无毛定理

黑洞无毛定理是对经典黑洞简单性的叙述。也就是说，无论什么样的天体，一旦坍缩成为黑洞，它就只剩下电荷、质量和角动量三项最基本的性质。质量产生黑洞的视界，角动量是旋转黑洞的特征，电荷在黑洞周围发射出电力线，这三个物理守恒量确定了黑洞的性质。黑洞一旦形成，则在黑洞形成之前的其他物理信息就会丧失，黑洞上不存在如立方体、锥体或其他有凸起的形态，这是理解黑洞无毛定理的一种方法。万事万物在组成黑洞之后自身的属性就消失了，如你掉进黑洞就会人间蒸发，你将变得不再具有人类机体的复杂性，而黑洞最终也不会记忆你与它合体之前的信息。于是，"黑洞"这一术语的发明者——美国物理学家约翰·阿奇博尔德·惠勒（John Archibald Wheeler）戏称这一特性为"黑洞无毛"。

二、暗物质与暗能量

在宇宙学中，暗物质是指无法利用电磁波观测进行研究，也就是不与电磁力产生作用的物质。人们目前只能通过引力产生的效应来探测暗物质，并且已经发现宇宙中有大量暗物质的存在。

现代天文学通过引力透镜[①]、宇宙中大尺度结构的形成、微波背景辐射等方法和理论来探测暗物质。而根据现有理论模型和普朗克卫星探测的数据，整个宇宙的构成中，常规物质（即重子物质）占 4.9%，暗物质占 26.8%，还有 68.3% 的暗能量。暗物质的存在可以解决大爆炸理论中的不自洽性，对宇宙结构形成也非常关键。暗物质很有可能是由一种（或几种）粒子物理标准模型以外的新粒子构成的。对暗物质和暗能量的研究是现代宇宙学和粒子物理的重要课题。

（一）暗物质存在的证据

最早提出证据并推断暗物质存在的是荷兰天文学家扬·亨德里克·奥尔特（即 1950 年提出"奥尔特云"假说的天文学家），1932 年，他根据银河系恒星的运动提出银河系中应该有更多质量的想法。1933 年，美国加州理工学院的瑞士天文学家弗里茨·兹威基（Fritz Zwicky）在研究后发座星系团时，使用位力定理推断出其内部有看不见的物质。

美国女天文学家薇拉·鲁宾（Vera Rubin）观测星系转速时，发现星系外侧的旋转速度比牛顿定律预期的快，故推测是有数量庞大的质能拉住星系外侧物质，以使其不因过大的离心力而脱离星系。暗物质的存在可以

---

① 引力透镜效应是广义相对论所预言的一种现象。由于时空在大质量天体附近会发生畸变，使得光线经过大质量天体附近时发生弯曲。如果在观测者到光源的直线上有一个大质量天体，则观测者会看到由于光线弯曲而形成的一个或多个像，这种现象称为引力透镜现象。

解释为何在半径较大时速度几乎不变。

2006 年，美国天文学家利用钱德拉 X 射线望远镜对星系团 1E 0657558 进行观测，无意间观测到星系碰撞的过程，碰撞威力之猛，使暗物质与正常物质分开，因此发现了暗物质存在的直接证据。虽然暗物质在宇宙中大量存在是一个普遍的看法，但是科学家发现螺旋星系 NGC 4736 的旋转能完全依靠可见物质的引力来解释，也就是说，这个星系没有暗物质或者暗物质很少。

（二）暗物质粒子探测卫星

目前，我国在暗物质空间探测领域处于国际先进水平，暗物质粒子探测卫星（Dark Matter Particle Explorer，DAMPE，命名为"悟空"）于 2015 年 12 月 17 日在酒泉卫星发射中心搭载"长征二号丁"运载火箭升空，是中国第一个用于探测暗物质的空间望远镜，由中国科学院微小卫星创新研究院研制。"悟空"装有塑闪阵列探测器、硅阵列探测器、BGO 量能器、中子探测器，是现今观测能段范围最宽、能量分辨率最优的暗物质粒子探测卫星，它的观测能段是安置于国际空间站的阿尔法磁谱仪的 10 倍，能量分辨率比其他同类探测器还要高出 3 倍以上。设计寿命 3 年的"悟空"自发射以来，已经正常运行了 5 年，获取了太空中的反常电子信号、高能质子宇宙射线能谱等科学成果，并将再次延寿 1 年至 2021 年底。也许未来某一天，"悟空"的"火眼金睛"有望识破暗物质的真面目。

（三）暗能量

20 世纪的几个重大发现彻底改变了人们对宇宙的认识。20 年代末，天文学家埃德温·鲍威尔·哈勃发现我们的宇宙不是静态的，而是在膨胀，这一发现开启了现代宇宙学的研究；90 年代末，美国加利福尼亚大学伯克利分校天体物理学家索尔·珀尔马特（Saul Perlmutter）、美国 / 澳大利亚物理学家布莱恩·保罗·施密特（Brian Paul Schmidt），以及美国科学家亚当·里斯（Adam Riess）通过对超新星的观测发现，我们的宇宙正处于加速膨胀之中，他们三人也因此共同获得了 2011 年度诺贝尔物理学奖。根据万有引力定律，所有的物质之间都存在相互吸引力，所以宇宙中物质之间的相互吸引力必定使宇宙的膨胀速度变慢，即宇宙膨胀应该是减速的。因此，宇宙的加速膨胀表明，宇宙中应该存在一种斥力的能量成分。这一成分在现代宇宙学研究中被称为暗能量。大量不同类型的天文观测，如宇宙背景辐射、宇宙大尺度结构中的重子声学振荡[①]、引力透镜等观测，都相继表明宇宙中确实存在着这一暗能量成分。目前的天文观测表明，宇宙中占能量组成的大约七成是以看不见的暗能量形式存在的。

三、宇宙与天体起源

在宇宙起源的众多假说中，最被科学家接受的是宇宙大爆炸理论。该理论认为，我们的宇宙源于 130 多亿年前的奇点爆炸。大爆炸理论不仅是奇特的科学猜想，更是获得了众多科学观测的支持。

大爆炸理论认为宇宙起源于一个无限小的奇点，温度无限高，大爆炸一开始，宇宙便开始膨胀，温度也不断下降。在大爆炸的 1 秒内，宇宙温度降低到了 100 亿摄氏度，是太阳中心温度的 1000 倍，这个温度可以将氢弹点燃。此时此刻的宇宙主要包含光子、电子和中微子，以及这些粒子的反粒子，还有一些质子和中子。此时元素周期表中的主要元素还尚未形成。

大爆炸后大约 100 秒，宇宙的温度降到了 10 亿摄氏度，在这个温度

---

① 重子声学振荡（baryon acoustic oscillations，BAO）是宇宙中可见的重子物质的规则周期性密度涨落。重子声学振荡的物质成团性可以作为测量宇宙学的距离标尺。这个标准尺的长度（目前约 4.9 亿光年）可以通过大尺度结构巡天来测量。

下，质子和中子不再有足够的能量逃逸强核力的吸引，开始结合产生氘核（重氢，包含 1 个质子和 1 个中子）等原子核。氘和更多的质子及中子进一步结合成氦（2 个质子和 2 个中子），另外还产生了少量的锂和铍元素。

大爆炸开始后的几分钟之内，氢和其他元素的产生就停止了，之后的 100 万年左右，宇宙继续膨胀但并未产生新的元素。当宇宙温度降低到几千摄氏度时，电子和核子不再有足够的能量去抵抗它们之间的电磁吸引力，它们开始互相结合成原子。

随着时间流逝，星系中的氢和氦气体被分割成更小的星云，它们在自身引力下坍缩，在这个过程中，原子互相碰撞，气体温度升高，直到最后，热得足以触发核聚变反应，便产生了第一代恒星。第一代恒星只包含简单的元素，体积很大，但核燃料燃烧速度很快，因此寿命很短。恒星寿命最终以超新星爆发的形式结束，转变成黑洞、中子星、白矮星等星体，而其中一部分残骸又成为第二代恒星的原材料。新的恒星不断诞生，老的恒星不断衰亡，由此宇宙开始了漫长的不断演化过程。

第十八章

地球的未来

100 年后，1000 年后，10 000 年后，人类会在哪里？人类社会将发展成什么状态？这既是一个社会学问题，也是一个宇宙学问题，同时还是一个哲学问题。

　　当今世界，人类还面临着许多未解之谜，比如，不知宇宙多大，不知人类起源，不知地球本身，不知灵魂有无。宇宙有多大，还是个谜，就连我们赖以生存的星球和我们人类自身，我们又了解多少呢？人类的历史和文明是否会一直延续下去？等到地球资源枯竭的那一天，人类又该何去何从？未来的人类是否会离开地球，迁徙或移民到其他星球？

　　物理学家史蒂芬·威廉·霍金在 2010 年接受美国著名知识分子视频共享网站 Big Think 访谈时称，地球将在 200 年内毁灭，而人类要想继续存活只有一条路：移民外星球。霍金关于"200 年内地球毁灭"的预言可能并不准确，但目前人类面对的可怕未来却不容怀疑。地球只有一个，人类与地球上的万物是需要在地球上不断繁衍生息的，即使想要脱离地球到其他星球上生存，也未必能找到适宜的"第二个地球"。所以，保护地球，珍惜地球，人类才会有更好的未来。

一、人类会灭亡吗？

　　人类社会在飞速发展的同时，也在对地球自然环境产生着重大影响。现代科技是一把双刃剑，人类不断获得更多的改造地球的新能力和手段，也在不断创造出自我毁灭的方法。

　　能够造成人类社会毁灭的因素有很多种，总的来说可以归结为两大方面：天灾和人祸。地球自身变化产生的地震、火山、海啸、极端天气造成人类生存环境恶化；小行星或彗星撞击地球；人类活动产生温室气体，造成全球变暖，冰川融化，海平面上升；核战争造成生物灭绝；生化武器和人造病毒造成大规模传染疾病；等等。

天灾虽来自大自然，却与人类的行为不无关系。人类善待自然，它就会给我们丰厚的回报；人类破坏自然，它就会让我们痛苦不堪。人与自然，和谐共生。

中华文化博大精深，汉字中也暗藏玄机。以"灾"字为例，古代繁体写法是"災"，"巛"代表水，水火皆可为灾。太多的教训就在眼前，但很多人仍然熟视无睹，无动于衷。人类掠夺自然资源，破坏生态平衡，过度捕猎和滥杀动物，已经造成许多物种灭绝。大气污染，温室效应，两极的冰川在融化，海平面在上升，如此下去，众多沿海城市、岛屿国家，是否还能生存？不能生存，就要迁移。生态恶化，沙漠化日益严重，沙进人退，长此以往，我们还会有多少生存空间？空间越来越小，人口越来越多，矛盾就会越多越大（图 18-1）。有学者预测，按照现在的发展速度，石油、天然气还能供人类开采五六十年，煤炭还能开采大约 200 年。到那时，资源枯竭了怎么办？不过，也有一位学者提出了不无讽刺的观点：地球上的煤是挖不完的，因为还没等到那一天人类可能已经毁灭了，怎么可能挖得完？这真是当头棒喝。无论事实如何，人类真的应该对未来有清醒的认识。

小天体的撞击威胁，也是可能毁灭人类社会的潜在天灾。实际上，在大约 46 亿年的岁月里，地球经历过的撞击不计其数，有些撞击甚至险些毁灭整个地球。尤其是在太阳系早期，天体刚刚形成，但轨道尚不稳定，导致很多天体发生碰撞。尤其是在距今 38 亿～ 41 亿年之前，太阳系处于后期重轰炸期，许多行星遭受到了小天体的狂轰滥炸，面目全非，地球也没有能够逃过。甚至连月球，都极有可能是在这样的撞击中产生的。据科

图 18-1　人类活动对地球
生态环境造成了严重影响

学家推测，地球刚形成后不久，就有一颗与火星差不多大的行星和地球发生了碰撞。当时的地球遭受了灭顶之灾，大量的物质被抛到太空，它们最终坍缩在一起，形成了今天的月球。一次相当规模的小天体撞击，有可能终结人类文明。科学家推测，"苏梅克－列维9号"彗星最初的直径是1.5～2千米。虽然不如导致恐龙灭绝的小行星大，但是其体积也已经十分惊人了。如果它撞上了地球，即使不会导致全球范围内的生物大灭绝事件，也足以在极大范围内给地球生物带来致命打击。这不是危言耸听，也不是绝无可能。火山、地震、飓风、海啸，人类只能避而远之或是默默承受，既制止不了也无法与之抗衡。在大自然面前，人类何其渺小。

人祸，首先便是战争。从某方面来说，战争给人类带来创伤的同时，也在某种程度上推动了社会和科技进步，因为要生存就得快速发展。历史上的世界大战，其后果虽然让人类伤痕累累，满目疮痍，但还不足以毁灭人类。不过在核武器时代，如果再发生世界大战，其后果大家可想而知。你也许听说过"史前核反应堆""通古斯大爆炸""发现某某史前文明"等传闻，这些都是按照人类发展的进程无法解释的现象，如果我们假设人类文明在发展到某一高度的时候，爆发了核战争，或者由于其他原因突然毁灭了，那么这些问题就都迎刃而解了。这不是天方夜谭，事实也许就是如此（图18-2）。

其次是瘟疫和疾病。目前人类的医学水平已经较为发达，但仍存在着众多尚未攻克的医学难题，如艾滋病、癌症、血液病等。不仅如此，各种类型的病毒也无时无刻不在威胁着人类的生存。2003年爆发的严重急性呼吸综合征（SARS）和2020年席卷全球的新冠肺炎，令全世界为之震惊和恐慌。如果说慢性传染病犹如温水煮青蛙，不知不觉中改变了人类，那么烈性传染病就是无数颗超级原子弹，短时间就可能摧毁整个人类世界。

无论天灾还是人祸，人类都应该时刻保持警醒。人类的命运是一个共同体，需要全世界的国家和人民团结起来，共同构建和维护。

图 18-2　人类可能因核战争而自食恶果

二、星际移民

根据当前的地球环境状况，关于地球的未来，我们可以设想两种可能。一是地球资源被开发殆尽，但人类依然没有研发出新能源替代，也没发展出新的科技实现超长距离的光速飞行进行星际移民，也没有解决人类在光速和超光速下的种种不适。最后全人类科技停滞，能源衰竭，困在地球上，然后逐渐灭绝。二是在地球资源被开发殆尽前，人类解决了能源和光速飞行问题，开始大量星际移民，并且地球因为过度开发，不再适合人类居住，只能进行"自愈、保护、维修"计划。人类将最原始的母星变成了"博物馆"，开始大举向宇宙各处进发，并且发现了各种各样适合人类居住的星球，人类开始大量繁衍，占领宇宙各个星球，或友善，或征服，与当地土著生物一起生活。各种老旧政权被打破，颠覆，重新建立，不再称"国"而是称"球"（图 18-3）。

两种可能性比较下来，我们一定宁愿选择第二种。但是，从地球向其他星球移民，并不像 14～15 世纪的大航海时代那样简单，甚至还可能给地球和人类带来灾难。英国物理学家霍金曾发出警告，称外星高级生物

延伸阅读

克里斯托弗·哥伦布

哥伦布（Cristoforo Colombo）是意大利著名航海家，地理大发现的先驱者。1492～1502 年在西班牙国王的资助下，他 4 次横渡大西洋，到达美洲大陆，因此成为名垂青史的航海家。哥伦布的发现成为美洲大陆开发和殖民的新开端，是历史上一个重大的转折点。哥伦布作为一个航海家固然伟大，但他同时也是一个殖民者。哥伦布航行美洲的目的是掠夺黄金，自从他发现了美洲新大陆，美洲原住民便遭到欧洲殖民者的征服和掠夺。此后，西班牙、葡萄牙占据了美洲的大部分地区。

图 18-3　星际移民

可能真的存在，但是人类与他们接触可能会带来毁灭性的后果。在纪录片《与霍金一起了解宇宙》中，霍金指出，外星高级生物在耗尽自己星球的资源后，便会乘坐大型飞船到它们能够到达的星球掠夺资源，并将那里开拓成殖民地。如果真有外星生物到访地球，很大可能将会像当年意大利航海家克里斯托弗·哥伦布登陆美洲大陆一样，给地球人类带来毁灭性的灾难。

霍金认为外星生命很可能存在，而且可能存在于宇宙的许多其他地方——不仅存在于行星上，还可能存在于恒星中心，甚至是飘浮于行星间的广阔宇宙空间。他认为外星人存在的理论依据超乎寻常的"简单"。他指出，宇宙有超过1000亿个银河系，每个都包含数以亿计的恒星，在这样一个庞大空间里，地球不可能是唯一演化出生命的行星。

那么，外星人到底在哪里呢？

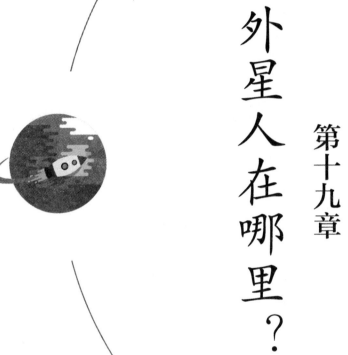

第十九章

外星人在哪里？

真正的星空似乎是无边无际、无穷无尽的。其实相对于整个宇宙来说，我们所看到的一切离我们很近，简直可以说是近在眼前。在非常晴朗的夜晚，我们最多能够看到大约 6000 颗恒星（不到银河系所有恒星的千万分之一），几乎所有这些恒星距离地球都不到 1000 光年，也就是银河系直径的 1%。而银河系在整个宇宙中只不过是沧海一粟……宇宙之大，真的是无法想象。

那么问题来了：地球是宇宙中唯一存在生命的星球吗？在如此浩渺的宇宙中，必然存在许许多多与地球很相像的能够孕育生命的星球。但是为什么我们到现在都没有发现外星人呢？

这的确是一个令人费解的问题。美籍意大利著名物理学家恩利克·费米（Enrico Fermi）也深有感触，发出了那句被称为费米悖论的著名疑问——它们都在哪儿呢？

一、费米悖论的由来

既然称为悖论，那就说明其中一定存在矛盾之处。费米悖论阐述的最大矛盾就是关于外星文明是否存在的理论和现实的矛盾。一方面，从概率和理论推算来说，除了地球文明之外，宇宙中几乎肯定存在其他文明，而且很可能存在于比地球更古老的星球上，进化程度会远远超前于人类。理论上讲，人类能用 100 万年的时间飞往银河系各个星球，那么，外星人只要比人类早进化 100 万年，现在应该已经来到地球并存在于某处。另一方面，迄今人类并未发现任何有关外星人存在的有力证据，因此看上去似乎可以证明外星人是不存在的。全世界每年都会发生不少所谓目击到不明飞行物（unidentified flying object，UFO）或者外星人的事件，但都是人们对某些现象的误解或者好事者的恶作剧。

1975 年，美国学者麦克·哈特（Michael Hart）发表论文《关于地球上地外文明缺席的解释》，对费米悖论进行了更加具体的探讨，因此费米悖论有时也被称作麦克·哈特悖论。哈特提出四种解释：①地外文明刚刚出现不久，和人类接触还需要一段时间；②地外文明尚无能力进行星际旅行；③从动机分析，地外文明不打算和人类进行接触；④地球已经被外星文明拜访过了，只是我们不知道而已。哈特逐一进行讨论后，认为以上四种解释都不成立，由此得出的结论只能是：地外文明根本不存在。

哈特的文章得到了极大关注，大量科学家开始积极关注费米悖论问题，并发展关于地外文明的科学理论或模型。费米悖论如今被称为"齐奥尔科夫斯基 - 费米 - 维尤因（D. Viewing）- 哈特 - 蒂普勒（F. Tipler）悖论"，因为这些人都曾参与了费米悖论的讨论并提出了重要观点。

物理学家史蒂芬·韦伯（Stephen Webb）在 2002 年出版的《地外文明在哪儿》一书中，详细列举了费米悖论的 50 种解释（该书于 2015 年出版了第二版，对费米悖论的解释增加到了 75 种），归纳起来主要有以下三个方面：①宇宙中根本不存在其他文明；②外星文明是存在的（或曾经存

延伸阅读

费 米 悖 论

1950 年的一天，诺贝尔奖获得者、物理学家费米在和别人讨论飞碟及外星人问题时，突然冒出一句：它们都在哪儿呢？这句看似简单的问话，就是著名的费米悖论。宇宙中有着无数的天体，地球不可能是唯一存在生命的星球。但是如果宇宙中存在大量先进的地外文明，那么，为什么至今连外星飞船或者探测器之类的证据都看不到？

在过），但它们迄今还无法或不想和地球接触；③外星文明已经来到地球，只是人类还不知道。

费米悖论自提出以来，在天文学界就有着相当的影响，因为它是基于科学探知的事实：古老的银河系已经诞生超过 100 亿年，而目前天文学家认为银河系的空间直径却只有大约 10 万光年，就是说，即使外星人仅以 1/1000 的光速翱翔太空，他们也不过只需 1 亿年左右的时间就可以横穿整个银河系——这个时间远远短于银河系的年龄。而且仅从数学概率上来看，在浩瀚的宇宙里，应该有众多类似地球的、适合于生命存在的星体，并且有些星体的年龄要远远大于地球，因此它们上面如果存在生命，其进化历史也要远远早于地球上的人类。

然而事实与这种理论上的可能性截然相反——我们至今仍未发现地外生命存在的迹象。而且如果地外生命是普遍存在的话，现实中有一个难以回答的问题是"静默"——即使尚不能实现星际旅行，但为什么我们连其他文明发出的电磁信号也探测不到？费米悖论提出之后，几十年来人类对太空的探索已有长足的进展。人造探测器已经探测了太阳系中八大行星及其主要卫星，天文学家还追踪了成千上万颗星球发出的微波信号。但是，这些搜寻行动一无所获，人类并没有发现能够证明外星生命存在的证据。似乎费米悖论的实质就是否定外星文明的存在：既然人类至今还未发现外星文明的蛛丝马迹，为什么还要相信它的存在呢？

虽然我们还没有掌握外星文明存在的直接证据，但现代天文学已证明：地球人的出现是宇宙演变的结果；由于自然法则在宇宙中具有普遍性，导致地球人诞生的因素也会出现在苍茫宇宙的其他某处。因此不少科学家坚信：宇宙中存在外星人。

让我们通过一些数字来直观地感受一下地外文明存在的可能性。

美国天文学家法兰克·德雷克（Frank Drake）于 1960 年提出了一条用来推测银河系内可能与地球接触的外星文明数量的方程，这就是著名的德雷克方程：

$$N=N_g \times F_p \times N_e \times F_1 \times F_i \times F_c \times F_L$$

式中，N 代表银河系内可能与地球接触的外星文明数量；N_g 代表银河系内的恒星数目；F_p 代表拥有行星的恒星在全部恒星中所占的比例；N_e 代表所有行星中的类地行星所占比例；F_1 代表类地行星中有生命进化并且可居住的行星比例；F_i 代表能够演化出高级生命的概率；F_c 代表高级生命能够进行星际通信的概率；F_L 代表科技文明持续时间在行星生命周期中占的比例。

卡尔·萨根依据德雷克方程，认为银河系中存在地外高级生命的星球数量大约为 100 万颗；美国科幻作家艾萨克·阿西莫夫（Isaac Asimov）则认为这样的星球有 67 万颗；而德雷克本人较为保守，认为大约有 10 万颗。

英国天体生物学家安德鲁·沃森（Andrew Watson）曾参照地球高级生命的演化过程，建立了一个数学模型，分析结果显示，在其他行星上找到智慧生命的可能性非常低。他认为，任何一颗行星都不会为生命的演化提供无限长的时间；像地球这样的行星，受太阳亮度的影响，超过一定的时间后，适合生命生存的时期将随之结束。其结论是：如果假定生命演化的时间为 40 亿年，那么在一颗类地行星上出现高级生命的可能性不超过0.01%。

银河系中有很多恒星（1000 亿～4000 亿颗），而在可观测到的宇宙中，也有数量与此相当的类似银河系的星系，即使每个星系中只有 1000 亿颗恒星，宇宙中也至少有大约 10^{22} 颗恒星，而地球上的沙子总数粗略估计有 10^{20} 粒。这就意味着，地球上每有一粒沙子，宇宙中就有 100 颗恒星。

关于宇宙中到底有多大比例的类太阳恒星（具有与太阳类似的大小、温度和发光度），科学界还没有形成一致的意见，一般认为是 5%～20%。即使按照最保守的（5%）估计，并且恒星的总量也选取最低值（10^{22} 颗），那么宇宙中也至少存在 5×10^{20} 颗像太阳一样的恒星。

关于有多大比例的类太阳恒星周围会围绕有像地球一样的行星（具有允许液态水存在的类似温度条件，能够支持与地球生命类似的生命），也存在争论。有人认为这个比例高达 50%，不过我们在这里选择《美国科学院院报》的一项相对保守的估计——22%，即使按 20% 近似考虑，在宇宙中至少有 1% 的恒星周围存在像地球一样有可能适合生命生存的行星，即存在 1×10^{20} 颗类地行星。

如此说来，地球上每有一粒沙子，宇宙中就有一颗像地球一样的行星。当我们在海滩行走时，可以想象一下这件有趣的事情，我们的每个脚印里都可能蕴含着一个星系呢（图 19-1）！

无独有偶，佛教中就有所谓一沙一世界的说法。就连 18 世纪英国伟大的浪漫主义诗人威廉·布莱克（William Blake）也在《天真的预言》（*Auguries of Innocence*）一诗中写道：

To see a world in a grain of sand

And a heaven in a wild flower

Hold infinity in the palm of your hand

And eternity in an hour

翻译过来，就是大家很熟悉的诗句：

一沙一世界，

一花一天堂。

双手握无限，

刹那即永恒。

沙子和宇宙之间居然有着如此神奇的联系！是巧合还是先哲早就对宇

图 19-1 "一沙一世界"

宙有了如此深入的认知？答案无从知晓。

接下来我们只能完全靠猜测了。我们假设，在宇宙形成 10 亿年后，有 1% 的类地行星上出现了生命。我们再假设，在这些出现生命的行星中，又有 1% 的生命发展到了像地球上的生命这样高级的形式。那就意味着，在我们可以观测到的宇宙范围内，存在着 1×10^{16} 个高级文明。

回到我们所在的银河系，并对银河系中恒星的数量采用同样最保守的估计（1000 亿颗），估计有 10 亿颗像地球一样的行星，有 1000 万颗行星上出现了生命，有 10 万颗行星上产生了高级生命文明。

地外文明搜寻计划（Search for Extra Terrestrial Intelligence，SETI）专门接收其他高级生命发出的信号。如果银河系中真的存在 10 万个甚至更多的高级文明，即使其中只有很小一部分发射过无线电波、激光或其他试图与外界联系的信号，SETI 的卫星阵列是不是应该接收到过这样的信号呢？

但是没有，一个信号也没有，从来都没有。

它们都在哪儿呢？

二、惊人的假想

我们的太阳是比较年轻的。有很多比太阳古老得多的恒星，周围围绕着像地球一样却比地球古老得多的行星，这在理论上意味着，那里应该存在着比地球还要先进得多的文明。

有一种叫作卡尔达舍夫等级的分类方法，根据高级文明使用的能量，将它们分成了三个等级。

第一等文明能够使用它们所在行星上的所有能量。我们还不属于第一等文明，但是我们已经非常接近了（卡尔·萨根提出了一个公式，根据这个公式，我们处于 0.7 等的位置）。

第二等文明能够利用它们所在的恒星系的所有能量。我们还停留在第一等级的大脑，很难想象怎么有人能做到这一点，但是我们尽了最大努力，想象出了一个类似戴森球的假说。

第三等文明将第一等文明和第二等文明远远甩在了后面，他们可以利用的能量相当于整个银河系的能量。

让我们充分发挥想象力，比较一下46亿岁的地球与一颗假想的60亿岁的未知行星 X（图19-2）。

一个文明的科技领先我们1000年，就足以令我们震惊，就像唐宋时期的人会对我们今天的世界感到震惊一样。一个领先我们100万年的文明可能是我们完全无法想象的，就像大猩猩无法想象人类的文明一样。而行星 X 的文明领先了我们14亿年？！

现代晚期智人的历史，到今天尚不足5万年，我们可以想象一下再发展14亿年可能导致的文明差距。如果行星 X 上的某个文明和我们类似，并且一直发展到了第三等文明，它们当然有可能掌握了星际旅行技术，甚至可能在整个星系中建立殖民地。

关于星系内的移民是如何实现的，有一种假设是制造能够行驶到其他行星的工具，用500年左右的时间在新的行星上用原材料进行自我复制。要移民整个星系大约需要375万年，对于以10亿年为单位来计算时间的宇宙来说，这不过是一眨眼的时间。

我们继续来猜测，如果有1%的高级生命存在得足够长，成为能够移民整个星系的第三等文明，那么根据上面的计算，仅在银河系就有至少1000个第三等文明，它们的存在很可能是非常引人注目的。但是我们没有看到或听到任何信号，也没有任何文明来探访我们。

它们都在哪儿呢？

中国作家刘慈欣的科幻小说《三体Ⅱ：黑暗森林》以"黑暗森林法则"（宇宙社会学）对费米悖论进行了一种可能的解释。其大意是：宇宙

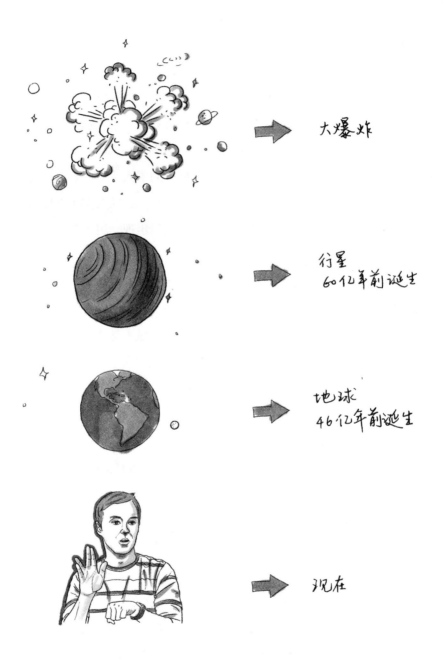

大爆炸

行星
60亿年前诞生

地球
46亿年前诞生

现在

图 19-2 地球与行星 X 的假想

中诞生的文明，相互之间距离极其遥远，使文明之间的沟通非常困难；各星球的文明，其思维方式、价值观甚至基本逻辑思维方式和基本生命构成都有着巨大的差别。正是由于各文明之间距离遥远、互相猜疑，以及各自在技术水平上发展的不均衡性，一旦被外星文明获知自己的存在，很有可能给自身的生存带来威胁。其结果必然导致具有一定成熟度和技术水平的文明，都意识到宇宙的丛林法则，各文明不主动暴露自身的存在。宇宙形如黑暗森林，各个文明形如黑暗森林中孤行的猎人，依此解释了费米悖论关于外星人在哪里的问题。按照黑暗森林法则，成熟的文明都拥有消灭其他文明和隐藏自己的本能。所以它们不会贸然出现，更不会暴露自己的位置。

我们不知道费米悖论的答案，所能做的就是做一些可能的解释。如果问 10 位不同的科学家，他们可能会给出 10 种不同的答案。人类曾经争论过地球是不是圆的，太阳是不是绕地球转，雷电是不是天神在发怒。这些似乎都很古老吧？但在费米悖论这个问题上，我们的了解基本上就是那种程度。

延伸阅读

科幻小说《三体Ⅱ：黑暗森林》中的黑暗森林法则

宇宙就是一座黑暗森林，每个文明都是带枪的猎人，像幽灵般潜行于林间，轻轻拨开挡路的树枝，竭力不让脚步发出一点儿声音，连呼吸都小心翼翼……他必须小心，因为林中到处都有与他一样潜行的猎人。如果他发现了别的生命，不管是不是猎人，不管是天使还是魔鬼，不管是娇嫩的婴儿还是步履蹒跚的老人，也不管是天仙般的少女还是天神般的壮汉，能做的只有一件事：开枪消灭之！在这片森林中，他人就是地狱，就是永恒的威胁，任何暴露自己存在的生命都将很快被消灭。这就是宇宙文明的图景，这就是对费米悖论的解释。

三、悖论的解释

我们可以把对费米悖论的解释大致分为两类。第一类解释认为，我们之所以没有发现第二等和第三等文明的信号，是因为根本就不存在这样的文明；第二类解释认为，我们没有看到或听到任何信号，是因为诸多其他可能的原因。

（一）第一类解释：不存在第二等和第三等文明

支持第一类解释的人，对于任何更高等文明由于某种原因没有与我们联系的这类说法，都是断然否定的。这种观点的支持者看重数学中的反证法。数学计算结果表明，宇宙中应该有几千个甚至几百万个更高等的文明，那么它们当中至少应该有一个例外，会与地球联系。即使类似于黑暗森林法则的某种理论对 99.99% 的更高等文明有效，还有 0.01% 的例外，我们应该能发现它们的存在。

因此，这种解释认为，基于反证法可以证明，一定不存在更高等的文明。既然数学计算表明，仅在银河系就有上千个更高等的文明，那么一定还有某种因素是数学计算没有考虑到的。

这个因素被称为大过滤器。

大过滤器理论由美国乔治梅森大学的学者罗宾·汉森（Robin Hanson）为了试图解答费米悖论而提出。该理论认为，在从准生命形式向高级生命形式发展的过程中，存在着一些特殊的环节。在漫长的进化过程中，在这些特殊环节上有一些障碍是所有或者几乎所有的生命都无法跨越的。

这些障碍就是大过滤器。

如果这个理论是正确的，那么随之而来的一个问题是：这个大过滤器存在于什么阶段？

当涉及人类的命运时，这个问题就变得非常重要了。根据大过滤器存在的不同阶段，我们可能面对三种不同的现实，或者说人类未来可能面临着三种不同的命运。

第一，人类已经通过了大过滤器。

我们当然希望大过滤器已经被我们甩在了后面——我们已经设法通过了它，这意味着能够达到人类这种智力水平的生命是非常少的。

这解释了为什么不存在第二等和第三等文明，但是这也意味着，人类可能是目前极少数突破大过滤器的例外中的一个。这有点像 500 年前人类觉得地球是宇宙的中心，觉得我们是宇宙中的特例。但是，有一种被科学家称为观察选择的效应表明，高级生命都喜欢认为自己是独特的，不管它们实际上真的很独特还是其实很普通。不过我们不得不承认，至少我们有可能真的是独一无二的。

如果真的如此，那么人类究竟是什么时候开始变得如此独特呢？也就是说，我们通过了哪个几乎挡住了其他所有物种脚步的进化阶段呢？

有一种可能性是：大过滤器可能存在于非常靠近生命开端的地方，所以生命能够出现这件事本身就是非常罕见的。支持这种可能性的证据有两方面：一是从地球形成后，用了将近 10 亿年的时间才出现生命；二是科学家曾经在实验室里尝试重现生命出现的过程，但是从来没有成功过。如果生命的出现本身就是一个大过滤器，那么意味着地球之外不仅没有高级生命，可能根本没有任何形式的生命。

另一种可能性是：大过滤器可能存在于从简单的原核细胞向复杂的真核细胞进化的阶段。原核细胞出现后，用了将近 20 亿年才进化为复杂的真核细胞。如果大过滤器存在于这个阶段，宇宙中就会充满简单的原核细胞，而几乎没有更高级的生命。

还有很多其他的可能性，甚至有些人认为，人类成为智人的最后一个阶段才是大过滤器。有很多进化阶段不可能成为大过滤器。任何有可能成为大过滤器的进化阶段都不仅仅是百里挑一或者万里挑一的过程，而是从几十亿种可能性中选择了其中一种的过程，在这个过程中，必须出现一个或多个极其反常的事情才能成就一个例外。而科学研究发现，在地球上的生命形式中，植物、动物、真菌、藻类等生物能在 46 种不同条件下完成由单细胞生物进化成复杂多细胞生物的过程。因此，从单细胞生命向多细胞生命进化的过程就不能算是一个大过滤器。

同样的原因，如果我们在火星或者木卫二上发现了真核细胞的化石，就说明前面提到的从简单原核细胞向复杂真核细胞进化的过程也不会是一个大过滤器（在进化链上处于这一步之前的所有步骤也都不是），因为如果在包括地球在内的多个星球上都发生了这样的进化，它就几乎不可能是一个"几十亿里选一"的过程。

如果我们确实是罕见的例外，那可能是因为某个侥幸的生物事件，但也可能是因为所谓的"罕见地球假设"。这个假设认为，虽然宇宙中可能存在很多像地球一样的行星，但是地球有某些特殊的条件是格外适合生命生存的。

第二，我们是最早的高级生命。

我们可能是自宇宙大爆炸发生以来最早到达高级生命阶段的物种。我们和其他许多物种可能都在向高级生命进化，只不过人类偶然在适当的时机成为最早进入高级文明的物种。

有很多因素会使这种可能变成现实，其中一个例子就是伽马射线暴的大量存在，我们在遥远的星系中会观测到这种可怕的爆发。地球形成后又过了几亿年时间，小行星风暴和火山爆发才平息，生命才可能诞生。宇宙中可能存在大量像伽马射线暴这样的事件，将附近的一切都摧毁殆尽，任何生命都无法跨越这个阶段。人类现在可能正处在天体生物学的过渡阶段，这是生命的第一个不受打扰的长期进化阶段。也就是说，我们尚未发现其他高级文明，是因为其他星球上尚未出现生命，或者其生命形式尚未遇到合适的机会进化到高级生命阶段。

第三，大过滤器仍在前方等着我们。

如果我们并不是罕见的例外，也不是进化比较早的，那么大过滤器肯定还在我们的前方。这表明，也许大多数生命都会进化到我们这个阶段，但是有某种东西阻止了生命进一步进化到更高的智慧——而且人类也不能幸免。

有一种可能是，大过滤器是定期出现的重大自然事件，或者说是极端自然灾害，如前面提到的伽马射线暴，只不过这些事件现在还没有发生；也许地球上的所有生命迟早都会被突如其来的伽马射线暴毁灭，只不过是时间问题。

还有一种可能是，所有的高级文明在科技达到某种水平后，都会走向自我毁灭。

所以，牛津大学的哲学家尼克·博斯特罗姆（Nick Bostrom）说，没有消息就是好消息。如果在火星上发现了最简单的生命，那将是个非常了不起的好消息，因为那意味着我们已经将很多大过滤器甩在了后面。而如果我们在火星上发现了已经成为化石的多细胞生物甚至是高级生命，那将是到目前为止最坏的消息，因为那意味着大过滤器肯定在我们前方——并且它最终会毁灭我们。博斯特罗姆相信，在说到费米悖论的时候，夜空的沉默便是金。

（二）第二类解释：我们没有发现其他文明的信号，是因为诸多其他可能的原因

第二类解释的支持者不认为人类是罕见的例外或进化最早的，相反，他们认为我们的银河系、太阳系、行星或智力水平没有任何特殊之处，除非能找到有力的证据证明。他们也不认为，没有发现高级生命存在的证据就说明它们不存在——因为我们只在距离地球100光年的范围内搜寻地外

文明信号，而这仅仅是整个银河系的 0.1%。我们没有搜寻到地外文明发出的信号，可能由很多原因导致，归结起来大致有这么几种。

第一种可能的原因：地外文明已经造访过地球，但那时候人类尚未出现。现代晚期智人只有短短不到 5 万年的历史。而有记录的历史更短，只有大约 5500 年。某些靠狩猎和采集为生的远古部落可能见过外星人，但是他们没办法把这一切告诉后人。

第二种可能的原因：银河系已经被地外文明殖民了，但是地球处于比较偏僻的地方，所以尚未接触到地外文明。这就好像美洲已经成了欧洲人的殖民地，但是生活在加拿大北部的因纽特小部落并不知道。又如陶渊明在《桃花源记》中所描绘的桃花源人的生活状态——"不知有汉，无论魏晋"。

第三种可能的原因：地外文明可能并不想与地球文明或其他文明接触。对于更高级的物种来说，物理移民也许是一个非常落后的概念。还记得前面提到的第二等文明吗？它们能够利用整个恒星系的能源，为自己创造出完美的环境，满足自己的所有需求。它们可能有非常先进的方法获取能源，或者减少自己对资源的需求，因而完全没兴趣离开快乐的家园，去开发寒冷、空旷的宇宙。它们甚至可能将自己大脑中的信息传到一个虚拟现实世界，在那样的乐园里，生命将永恒存在。而生活在物理世界，要面临出生、死亡、欲望和需求，这可能被它们视为一种原始的生存方式，就像我们看待深海中的原始生物一样。

第四种可能的原因：其实有很多来自地外的信号，但是人类的科技水平太原始，接收不到这些信号。这就像在一座现代化的写字楼，在无线电对讲机中听不到任何活动迹象（因为每个人都在使用智能手机或电脑联络，而不是使用无线对讲），就判断这座大楼是空的。也可能就像卡尔·萨根指出的那样，是我们的思维与其他高级生物相比太快了或太慢了——例如，它们可能要花几年的时间才能说一句"你好"，而我们听到这句话的时候会觉得这只是一阵无关紧要的噪声。

第五种可能的原因：更高等的地外文明已经发现了我们，并且正在观察我们（动物园假说）；或者对我们视而不见，未加干涉，但是从我们的角度无法理解或感知它们的存在。也许在它们看来，我们的地球是一个庞大的自然保护公园的一部分，这个公园里有很多像地球一样的行星，公园的规定是只许看不许碰。我们没有发现它们，也许是因为它们很小，因为如果一个比我们体积小得多的物种想要观察我们，它们肯定知道如何在观察我们的时候不被发现。也可能存在一种类似于电影《星际迷航》中最高指令一样的原则，禁止超级智慧物种以任何形式与我们这些被观察的物种接触，直到我们进化到了某种智慧水平。它们可能就在我们周围，但是我们太原始，感觉不到它们的存在。

美籍日裔物理学家加来道雄打了一个比方：假设森林中有一个蚁穴，紧挨着蚁穴旁边，修建了一条十车道的高速公路。这些蚂蚁能理解什么是十车道的高速公路吗？能理解在它们旁边修建这条高速公路的技术和意图吗？所以，并不是我们现在的技术无法接收到来自行星 X 的信号，而是我们根本不了解行星 X 上的物种是什么，也不明白它们想干什么。这远远超出了我们的理解能力，以至于即使它们真的想启发我们，也只能是"对牛弹琴"，甚至像教蚯蚓建造摩天大楼一样不切实际。

顺着这个思路，我们就可以理解如果存在那么多第三等文明，为什么它们不和我们联系。要回答这个问题，我们可以先问问自己——当郑和下西洋来到非洲大陆的时候，他有没有在一个蚁穴旁边停下来，试着和它们交流？他有没有非常慷慨地尝试帮助蚁穴中的蚂蚁？他会不会很坏，放慢原本的步伐，就为了摧毁这个蚁穴？还是完全不会关心这个蚁穴是否存在？我们现在对于第三等文明来说，就相当于这个蚁穴。

第六种可能的原因：存在可怕的"杀手"文明——超级猎手。就像人类在地球上的地位一样，它们比其他任何物种都高级得多。一旦他们发现某个物种的文明进化到一定程度，就会把这个文明消灭掉，从而确保自己独一无二的地位。新出现的高级文明可能由于各种原因自己毁灭，而一旦它们的进化程度超过了某个临界点，超级猎手就会采取行动。因为对于超级猎手来说，新出现的高级文明在发展和扩散的时候，就像病毒一样。这个理论认为，无论哪个文明成为星系中第一个高级文明，其他文明就都没有机会了。这可以解释为什么我们没有发现地外高级文明的活动迹象，因为潜伏着一个超级"杀手"文明。

这是一种令人不安的略带"阴谋论"的想法。最智慧的生命不会发出信号宣告自己的位置，类似于前面提到的"黑暗森林法则"。这也意味着向外发送信号的做法是愚蠢的和冒险的。关于我们是否应该向地外文明发送信号，现在还存在争论，大多数人都认为不应该。霍金警告说，如果外星人来拜访我们，结果就像哥伦布登陆美洲一样，对美洲土著人一点好处也没有。就连卡尔·萨根（他深信有能力完成星际旅行的文明都是无私的，而不是不友好的）也认为，向地球之外发送信号是不明智的和幼稚的，人类作为这个奇异且充满不确定性的宇宙中最年幼的孩子，应该长时间安静地倾听，耐心地了解宇宙，而不是吆喝着冲进我们并不了解的陌生丛林。

第七种可能的原因：我们已经接收到了其他高级生命的联络信息，但是相关部门隐瞒了这件事。虽然这是一种很愚蠢的想法，但是仍有很多人都持这种观点。

第八种可能的原因：我们对现实的理解是完全错误的，这是一种"脑洞"大开的假想。宇宙和我们想象的完全不一样，它可能看起来是一回事，而实际上完全是另外一回事，就像一幅全息影像。也可能人类本身就来自外星，被放在地球上进行某种实验，或被当作肥料。甚至有可能，我们只是另一个世界的某些研究人员运行的计算机模拟程序中的一部分，而在这个模拟程序中没有其他的生命形式。

在科幻小说和电影中，还有很多更加天马行空、想象力更加丰富的观点。坦率地说，不管是宇宙中只有人类这一种高级生物还是存在其他高级生物，都是令人有些毛骨悚然的。无论真相如何，都会令人无比震撼。

除了令人震惊的科幻成分外，费米悖论还让我们觉得倍感受挫。我们花了大量时间，运用人类最先进的科学理论，不断地改变自己的想法，每一种想法却都彼此矛盾。而且我们恍然发觉，原来我们如此微不足道，未来的人看待我们就会像我们看待那些认为天圆地方的古人一样，会觉得"他们根本一无所知"。

当讨论到第二等和第三等文明的时候，我们的自尊心会被摧毁得荡然无存。在地球上，人类就是这个小城堡里的国王，骄傲地统治着大量和我们一同生活在这个星球上的各种生物。这里没有谁能和我们竞争，也没有谁能审判我们，我们也很少会想到，也许对于某些物种来说，人类会是一种非常低级的物种。但是在了解第二等和第三等文明后，我们的骄傲似乎就有点自欺欺人了。

也许我们认为，人类虽然是飘浮在无垠宇宙中的一块小小岩石上的孤儿，但是很聪明。而令人惊讶的事实是，我们可能不像自己想象的那么聪明，可能很多我们确信无疑的事情都是错的，这种想法听起来很疯狂，却为迷途的思想打开了一扇大门。

也许，仅仅是也许，故事远比我们所知道的精彩得多。

四、戴森球之谜

戴森球（图 19-3）是弗里曼·戴森（Freeman Dyson）于 1960 年提出的一种理论。戴森球其实就是包裹在恒星周围的能量收集器，是一个利用恒星作为动力源的天然核聚变反应堆。

设想中的戴森球是一种巨型球状人造结构，由大量环绕恒星的人造卫

图 19-3　戴森球

星构成，这些卫星将恒星完全包围起来并且获得其输出的全部或绝大多数能量。戴森认为，任何在宇宙中长期存在且能源需求不断增加的文明都必然需要这样的结构，因此他建议搜寻这样的人造天体结构以便找到外星超级文明。

如果真的证明外星人存在，别的不说，仅是外星人带来的恐惧引发的"世界末日"恐慌，就足够夸张了。还记得"2012 世界末日"的说法吗？一个没有科学依据的"世界末日"谣言都能流传那么广，信以为真的大有人在，甚至有人因为相信"世界末日"来时会天黑三天而争相抢购蜡烛。

自 2011 年开始，一些天文爱好者开始注意到一颗编号为 KIC8462852 的恒星，俗称塔比星（Tabby's star），官方名为博亚吉安星（Boyajian's Star），以其特殊现象的发现者塔比塔·博亚吉安（Tabetha Boyajian）的名字命名。这颗恒星位于天鹅座，距离地球大约 1480 光年。塔比星引人注目的原因是它的光变曲线与众不同，亮度不稳定性较大，有时下降高达 20% 以上（而大多数恒星的下降幅度小于 1%），偶尔出现一些明亮的活动（这是其他已知类似恒星所没有的），整体亮度变化曲线非常陡峭（不像其他恒星发生行星凌星事件时亮度平滑地减少或增加），没有红外线发射（所有其他有大通量衰减的恒星都有）。

以往科学家对于类似的亮度变化，往往会将其归结为被旁边的行星遮挡了。这与日食的原理类似——行星绕着恒星转，从地球上看过去，当它们恰好从恒星前面经过时，便被称为凌星，如著名的金星凌日。科学家用这种方法已经找到了上千颗太阳系外行星。因此，每隔几天、几周或几个月，在观测恒星亮度的光变曲线上就会周期性出现凹陷，这具体取决于行星大小及其轨道。

开普勒太空望远镜记录了这颗恒星怪异的亮度变化：它的光变曲线上也有凹坑，但并非周期性出现。而且亮度下降达到 20% 以上，单凭这一点，天文学家就基本认定这不是一般的行星凌星事件。塔比星是一颗质量有点大的恒星，比太阳更热，也更亮。就算是木星那么大的行星，也只能遮挡这颗恒星大约 1% 的星光，而木星差不多已经是行星能够达到的最大尺寸了。也不可能是受到另外一颗恒星的遮挡，因为以恒星的亮度和体积，我们应该能发现它。而且，光变曲线上的凹坑出现得非常不规律，与行星或恒星的运动不对应。

那么，到底是什么遮挡了塔比星呢？要遮挡这颗比太阳还要大的星球，这个遮挡物一定十分巨大，宽度可达塔比星直径的一半。塔比星的神秘现象令戴森球假说再次浮出水面。不少天文爱好者开始猜测：是不是某种先进文明建立起了某种能量收集装置，遮挡了塔比星导致其亮度降低？

如果真的确认了这个东西是戴森球的话，毫无疑问它会成为一座新的灯塔、一盏照亮人类前进方向的明灯，它将极大地鼓舞人类社会。在这个戴森球毁灭之前，"黑暗森林"这个理论可能就要站不住脚了。同时我们也能确定，冲出地球、移民太空是可以实现的，我们被困死在地球上的可能性变小了。

然而，2016 年美国伊利诺伊大学的研究团队发表了一项研究成果，为这座"灯塔"泼了一盆冷水。该团队一直在使用雪崩模型研究恒星的亮度改变，这种模型广泛应用于研究太阳耀斑、伽马射线爆发和大脑中枢神经活动等，尽管在数学上看起来相当杂乱，但简而言之就是，量变导致质变。他们发现塔比星的光强衰减先是发生一系列小的改变，然后突然形成大的爆发，这在光变曲线上表现为我们如今看到的这种古怪方式。研究人员指出，这种光变也许是恒星本身正在经历内部相变，从而在表面强烈爆发导致的。相变也许与恒星活动，如恒星耀斑和恒星风暴有关，但现在并不能把握其内涵机制，还需要进行更多观察。

研究结果显示，塔比星的雪崩模型与开普勒太空望远镜观察到的景象如此吻合，也许仅仅是恒星由于某种目前还不得而知的原因变得极为活跃，偶尔形成大规模爆发，导致光线变暗，而不是戴森球挡住了望远镜，更不是令人不寒而栗的第二等文明。

这项研究并没有得出清晰的定论，让人们仍然对塔比星存在外星文明抱有一丝希望。

2017 年 5 月 19 日，塔比星的亮度再次下降，NASA 的开普勒太空望远镜观测到它的亮度下降超过 20%，并且持续了好几天。此外，这颗恒星还呈现出微妙且特别的亮度变化趋势。于是，NASA 重新审视了这颗奇怪的恒星，并在随后的几个月利用开普勒太空望远镜进行观测，结果得出了一个让天文爱好者大失所望的研究结论。根据观测，塔比星发出的红外光比紫外光的亮度要小得多，这并不符合常理，如果塔比星周围存在外星人建造的巨型构造物，那么对于红外光和紫外光的遮蔽作用应该是一样的。根据这一点，戴森球的可能性被排除了。

那么究竟是什么原因导致塔比星的光亮在 2017 年出现了突然性的快速下降，而且骤降超过 20%？ NASA 的研究显示，这颗恒星其实一直在变暗，而这次突然变暗的原因，NASA 归咎于恒星轨道上的彗星活动。彗星是恒星轨道上常见的尘埃来源之一，一系列的因素叠加造成了 2017 年那次极其特别的亮度骤降。也有一些人怀疑是两颗行星发生了碰撞，产生巨量尘埃，从而导致亮度快速下降。

这依然只是推测，这颗恒星的谜团仍然有待解开。

根据前面的估算，银河系内可能存在高级生命的星球至少有 10 万颗，其实，以纯粹数学思维来看，单是如此巨大的数字，就足以令外星人存在的想法显得完全合理。真正的挑战是，去发现外星人到底是什么样子。

2015 年 7 月 24 日，NASA 举办媒体电话会议宣称，他们在天鹅座发现了一颗与地球相似指数达到 0.98 的类地行星——开普勒 –452b，距离地球 1400 光年。这颗围绕着类日恒星旋转且与地球大小相近的"宜居"行星，可能拥有大气层和液态水，被称为地球 2.0——"地球的表哥"。开普勒 –452b 的体积（直径约比地球大 60%）、与恒星的距离、公转周期（大约相当于地球上的 385 天）、预测的表面环境（岩石构成）等——都与地球十分相近。究竟这颗星球上会不会存在生命呢？让我们拭目以待吧！

第二十章

飞向宇宙，浩瀚无垠

在英国物理学家霍金看来，科学与文艺是共生共荣的。霍金说，宇宙和诗的距离并不遥远，宇宙本身就是一首诗。2016 年，霍金在微博上掀起一番"诗意物理风"，他从网友海量的留言中挑出了一则关于庄周梦蝶的问题：中国古代有个哲学家叫庄子，"昔者庄周梦为蝴蝶"，梦醒后，庄周不知是他梦为蝴蝶，还是蝴蝶梦为庄周。我们如何知道我们是生活在梦里还是真实存在？霍金回答道：庄周梦蝶——也许因为他是个热爱自由的人。换作我的话，我也许会梦到宇宙，然后困惑是否宇宙也梦到了我。我们必须要孜孜不倦地探索关于存在的基本命题，只有这样，我们也许才会知道蝴蝶（或宇宙）是真实存在，还是只存在于我们的梦里。

霍金的办公室墙上，曾经贴着这样一句话：不管在什么时候，我们都不能忘记头顶的星空，要永葆好奇，永远前进。

2017 年 6 月 6～8 日在北京举行的全球航天探索大会（GLEX 2017）上，美国首批登月航天员、87 岁的巴兹·奥尔德林（Buzz Aldrin）发表了题为"通往火星的循环路径"（*Cycling Pathways to Mars*）的演讲。奥尔德林和阿姆斯特朗是首批登陆月球的人。1969 年 7 月 21 日，率先走下"阿波罗 11 号"登月舱的阿姆斯特朗说出了那句震撼人心的话：这是我个人的一小步，却是人类的一大步。而随后走下来的奥尔德林则感慨：华丽的苍凉！这大概是人类对月球最著名的描述。"第二个踏上月球的人"，成了跟随奥尔德林一辈子的标签。在一次新闻发布会上，有记者提到了这个尴尬的标签。奥尔德林笑着答道：阿姆斯特朗是第一个登上月球的，可是别忘了，我是第一个从外星球回来踏上地球的人！

电影《玩具总动员》中的主角航天员巴斯光年（Buzz Lightyear），原型就是奥尔德林。2000 年,英国广播电视杂志《广播时报》(Radio Time)组织的最佳电影台词评选结果出炉,荣登榜首的是巴斯光年的口头禅:飞向宇宙,浩瀚无垠!(To Infinity and Beyond!)他始终坚信,茫茫太空虽然广阔,但只要我们坚定前行,目标终将实现(图 20-1)。NASA 为庆祝成立 50 周年,于 2008 年将玩具巴斯光年送上太空,在国际空间站待了400 多天。

到 22 世纪初,人类可能已经把航天员送上了火星和小行星带中的某些行星,也完成了对木星及其卫星的探测,开始把探测器送到太阳系外的恒星甚至更远处。但是人类该怎么办呢?我们是否要离开地球,到地球之外的地方寻找或建设一个新的家园,或建立太空移民区,缓解世界人口压力? 100 年之后,也许少数航天员已经在行星上建立了前哨基地,但是限于成本问题,大多数普通人可能无法离开地球访问其他行星。

根据卡尔达舍夫等级的分类方法,目前地球尚未达到第一等文明水平,还处于利用煤炭和石油能源的阶段。根据过去几个世纪的平均发展速度,世界文明以每年 1% 的速度增长,按照这个速度,我们需要大约 100年的时间才能完全达到第一等文明状态,从第一等文明过渡到第二等文明的时间,据估算大约需要 2500 年。

人类,从未比身处太空时显得更为渺小,抑或是更为伟大。

霍金曾说:我们用尽了所有空间,唯一能去的,就是另一个世界。该是探索其他太阳系的时候了。我深信,人类需要离开地球。

宇宙如此之大,粒子如此之小,在宇宙尺度上,空间和时间以光年、亿年为单位衡量,人类的一切,个人的行为,显得那么微不足道。然而仔细想来,正是蕴含着科学本质的宇宙,让我们的生命显得尤为可贵。我们该做些什么,才能不辜负人生这趟独特而奇妙的生命旅程?

未来就像一辆巨大的高速列车,正向我们疾驰而来,列车的动力是成千上万科技工作者和相关人员的辛勤付出。

图 20-1　飞向宇宙，浩瀚无垠

我们可以期望，人们明智地使用科学这把利剑，披荆斩棘，解开自然之谜，迎接未来。

我们应当坚信，未来人类将走出地球，在探索宇宙的征程上不断前进，飞向宇宙更深处。

参 考 文 献

晨风 . 2012 . 人类的登天奇迹 . 北京：新世界出版社 .

陈士橹 . 1998 . 航天器姿态动力学与控制 . 北京：宇航出版社 .

侯建文，阳光，曹涛，等 . 2016 . 深空探测——小天体探测 . 北京：国防工业出版社 .

侯建文，阳光，满超，等 . 2016 . 深空探测——月球探测 . 北京：国防工业出版社 .

侯建文，阳光，周杰，等 . 2016 . 深空探测——火星探测 . 北京：国防工业出版社 .

侯建文，张晓岚，王燕，等 . 2013 . 火星探测征程 . 北京：中国宇航出版社 .

胡中为 . 2014 . 新编太阳系演化学 . 上海：上海科学技术出版社 .

焦维新 . 2002 . 空间探测 . 北京：北京大学出版社 .

焦维新，傅绥燕 . 2003 . 太空探索 . 北京：北京大学出版社 .

焦维新，邹鸿 . 2009 . 行星科学 . 北京：北京大学出版社 .

李春来，欧阳自远，都亨 . 2002 . 空间碎片与空间环境 . 第四纪研究，22（6）：
  540-551 .

李东 . 2006 . 长征火箭的现状及展望 . 科技导报，24（3）：57-63 .

李志杰，果琳丽，黄江川，等 . 2016 . 光帆航天器发展现状及"突破摄星"计划关
  键技术 . 航天器工程，25（5）：111-118 .

刘长庭，王常勇，汪德生，等 . 2008 . 空间生命科学研究与探索 . 北京：人民军医
  出版社 .

刘振兴等 . 2005 . 太空物理学 . 哈尔滨：哈尔滨工业大学出版社 .

刘佳 . 2018 . 撼动宇宙的小粒子——中微子 . https://m.sohu.com/a/225438007_100099484
  [2019-03-13] .

罗丹 . 2003 . 最大的火箭"土星五号" . 国外科技动态，8：35 .

《世界航天运载器大全》编委会 . 1996 . 世界航天运载器大全 . 北京：宇航出版社 .

吴沅 . 2017 . 探月工程——人类探月为得月 . 上海：上海科学技术文献出版社 .

肖龙 . 2013 . 行星地质学 . 北京：地质出版社 .

徐道一，郑文振，安振声，等 . 1980 . 天体运行与地震预报 . 北京：地震出版社 .

薛亮 . 1989 . 苏联能源号火箭的详细情况 . 中国航天，3：25.

喻菲，全晓书，屈婷 . 2017 . 活捉黑洞：中国慧眼探索极端宇宙 . 北京：科学出版社 .

中国科学院月球与深空探测总体部 . 2014 . 月球与深空探测 . 广州：广东科技出版社 .

周光召 . 2009 . 中国大百科全书：物理学 . 2 版 . 北京：中国大百科全书出版社 .

朱毅麟 . 2000. 离子推进及其关键技术 . 上海航天，17（1）：12-18.

总装备部电子信息基础部 . 2012 . 太阳风暴对航天器的影响与防护 . 北京：国防工业出版社 .

Abbott B P. 2016. Observation of Gravitational Waves from a Binary Black Hole Merger. Physical Review Letters, 116(6): 061102-8.

Bagenal F, Adriani A, Allegrini F, et al. 2017. Magnetospheric Science Objectives of the Juno Mission. Space Science Reviews, 213: 219-287.

Brigham N. 2001. Notable Scientists from 1900 to the Present. Farmington Hills: Gale Group.

ESA . 2019. Rosetta Mission . http://rosetta.esa.int/[2019-04-23]

JAXA . 2019 . Asteroid Explorer HAYABUSA . https://global.jaxa.jp/projects/sas/muses_c/ [2019-04-10].

Katz U F, Spiering C. 2012. High-energy neutrino astrophysics: Status and perspectives. Progress in Particle and Nuclear Physics, 67(3): 651-704.

Lesgourgues J, Pastor S. 2006. Massive neutrinos and cosmology. Physics Reports, 429: 307-379.

Margaret G K, Christopher T R. 2001. 太空物理学导论 . 曹晋滨，李磊，吴季，等译 .

北京：科学出版社．

Maury P. 2000．伽利略：揭开月亮的面纱．金志平译．上海：上海书店出版社．

NASA. 2019. Apollo program history. https://spaceflight.nasa.gov/history/apollo/index. html[2019-03-02].

NASA. 2019. MESSENGER-Mission description. https://www.nasa.gov/directorates/ heo/scan/services/missions/solarsystem/MESSENGER.html[2019-04-17].

NASA. 2019. Space Shuttle Era. https://www.nasa.gov/mission_pages/shuttle/flyout/ index.html[2019-10-22].

NASA. 2019. Voyager-Mission description. https://www.nasa.gov/mission_pages/ voyager[2019-04-17].

Tomiotto G. 2017. Using antimatter as fuel for rockets. Journal of Defense Studies and Resource Management, 5:1.

Vozoff M, Couluris J, 2008. SpaceX Products-Advancing the Use of Space. AIAA SPACE 2008 Conference and Exposition, 2008-7836.

Weinberg S. 2013. 宇宙学．向守平译．合肥：中国科学技术大学出版社．

Woodward J F. 2013. Advanced Propulsion in the Era of Wormhole Physic. New York: Springer.